战机档案：经典战机·3

（CLASSIC MILITARY AIRCRAFT）

〔美〕吉姆·温切斯特 著　西　风 译

中国市场出版社
China Market Press

图书在版编目（CIP）数据

战机档案：经典战机·3/（美）温切斯特（Winchester, J.）著；西风译. —4版.
—北京：中国市场出版社，2013.7

书名原文：Classic Military Aircraft
ISBN 978-7-5092-1071-0

Ⅰ. ①战… Ⅱ. ①温…②西… Ⅲ. ①第二次世界大战—歼击机—介绍—美国
Ⅳ.①E926.31

中国版本图书馆CIP数据核字（2013）第 106562 号

著作权合同登记号：图字01-2013-3047

书　　名：**战机档案：经典战机·3**
著　　者：〔美〕吉姆·温切斯特
译　　者：西　风
责任编辑：郭　佳
出版发行：中国市场出版社
地　　址：北京市西城区月坛北小街2号院3号楼（100837）
电　　话：编辑部（010）68033692　　读者服务部（010）68022950
　　　　　发行部（010）68021338　　68020340　　68053489
　　　　　　　　　　68024335　　68033577　　68033539
经　　销：新华书店
印　　刷：北京九歌天成彩色印刷有限公司
开　　本：710×1000毫米　　1/16　　14印张　　230千字
版　　次：2013年7月第1版
印　　次：2013年7月第1次印刷
书　　号：ISBN 978-7-5092-1071-0
定　　价：58.00元

目录
CONTENTS

CONTENTS

苏联伊柳申（IIYUSHIN）设计局

伊尔-2/10 "屠夫（Shtumovik）" 飞机

- 东线"飞行坦克" ● 反坦克对地攻击专家

　　1941年，伊柳申设计局的伊尔-2型飞机在德国入侵苏联前几个月进入服役。设计这款飞机时，首先考虑的是在飞行员和发动机周围安装装甲，然后才考虑气动布局。这是很独特的设计。伊尔-2和改进型伊尔-10型飞机是使用广泛性能优异的对地攻击机，当时对于苏联人民来说，还是一种转战为胜的有力武器。

伊柳申设计局伊尔–2/10 "屠夫" 飞机

▶ **"屠夫"飞机的特等射手**

伊柳申的伊尔–2飞机在东线战斗。1944年，第三航空团的Cheben中尉驾驶伊尔–2飞机同捷克师一起在乌克兰战斗。

▼ **危险的任务**

低空攻击极其危险，虽然伊尔–2的防护很好，但仍然伤亡惨重。

◀ 如同许多苏联装备一样，并不复杂，却很坚固的伊尔-2。采用了重型武器和装甲，十分有效而且制造数量远超其他任何军用飞机。

◀ **攻击编队**

伊尔-2飞机总是以庞大的编队出击，形成巨大的攻击"死亡圈"。这使得它们能够以连续火力攻击目标区域。

◀ **朝鲜勇士**

"屠夫"飞机的职业生涯并没有止于1945年二战结束，它还参加了朝鲜战争。

伊尔-2使用1282千瓦（1720马力）的AM-38发动机。改进的伊尔-10使用相似的AM-42发动机，功率为1491千瓦（2000马力）。

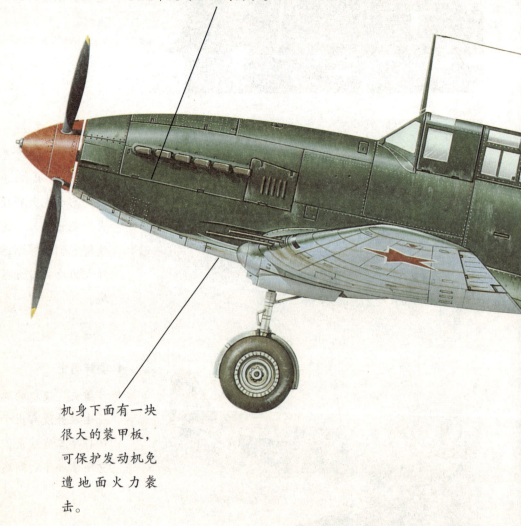

机身下面有一块很大的装甲板，可保护发动机免遭地面火力袭击。

伊尔-10 "屠夫" 飞机

1945年，伊柳申伊尔-10飞机在东线位于波兰的苏联战术空军中服役。伊尔-10飞机是伊尔-2飞机的改进型，增大了发动机功率和安装了封闭式的后方枪炮手的座舱。

尾部枪炮手操纵12.7毫米（0.50英寸）口径机枪，同时还担任无线电操作员。

为了节约资源，伊尔-2飞机是木质和织物蒙皮的后方机身和机尾，而伊尔-10飞机则是全金属结构。

机组人员使用全方位装甲板进行防护，厚厚的座舱玻璃也能够防御某些轻武器的射击。

尾轮可半收回到机身内。

斯大林的飞行坦克

采用了重型装甲防护，加上航炮和火箭弹组成强大的火力，伊尔–2被称为"飞行坦克"。

伊尔–2飞机是单座飞机采用下单翼，其后方机身采用木质结构。最初的生产很困难。苏联共产党总书记约瑟夫·斯大林曾说："红军需要伊尔–2飞机，就像需要空气和面包。"虽然苏联工业生产受到战争的影响，但让人难以置信的是，伊尔–2共生产了36000架，创造了军用飞机制造数量的历史纪录。

1942年2月，当双座的伊尔–2飞机在试飞时，其生产型已出现在前线。

伊尔–2飞机能携带1200千克（2640磅）的炸弹飞行超过400千米（250英里）的距离，并且还具有足够的敏捷性，从而也能攻击战斗机。

伊尔–10飞机则在战争刚刚结束时才服役。

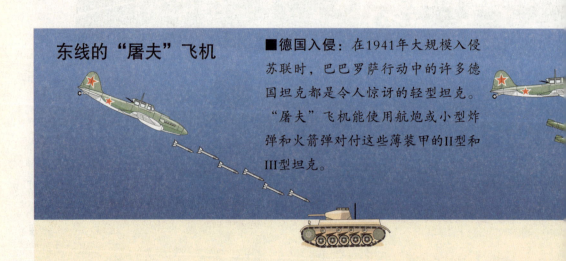

东线的"屠夫"飞机

■德国入侵：在1941年大规模入侵苏联时，巴巴罗萨行动中的许多德国坦克都是令人惊讶的轻型坦克。"屠夫"飞机能使用航炮或小型炸弹和火箭弹对付这些薄装甲的II型和III型坦克。

伊尔–2和伊尔–10飞机
都使用三桨叶螺旋桨。

20毫米（0.79英寸）
的VYa航炮后来被火
力更强的NS式23毫米
（0.91英寸）航炮所
取代。

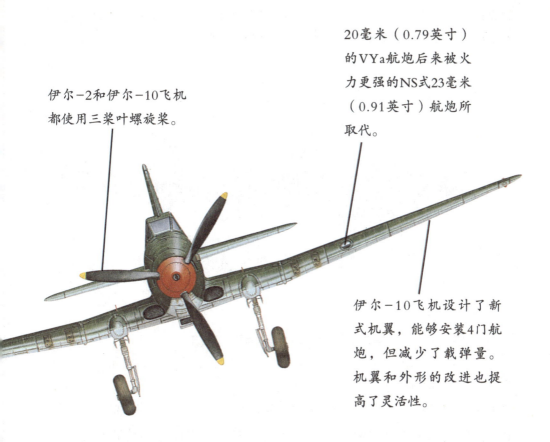

伊尔–10飞机设计了新
式机翼，能够安装4门航
炮，但减少了载弹量。
机翼和外形的改进也提
高了灵活性。

■最后的挑战：为了摧毁在临近战争
结束时装备V型"豹"式坦克，"屠
夫"飞机需要使用RS-132火箭弹或
PTAB穿甲弹攻击它们。

■新目标：由于后来的德国坦克体
积更大，采用了更厚的装甲，所以
"屠夫"飞机需要更大、更尖端的
炸弹和火箭弹来对付它们。

此图：捷克斯洛伐克生产了大量的伊尔–10飞机命名为Avia B33。这些飞机一直服役到20世纪50年代末，这同供应给波兰的苏制飞机一样。

伊尔–2M3"屠夫"飞机

类型： 单座/双座装甲近距离支援飞机

发动机： 1台1282千瓦（1720马力）的"米库林"AM–38F活塞发动机

最大航速： 在6700米（22000英尺）高度时为430千米/小时（267英里/小时）

航程： 600千米（375英里）

实用升限： 9700米（31825英尺），挂弹6500米（21320英尺）

重量： 空机重量3250千克（7150磅），最大起飞重量5872千克（12920磅）

武器： 机翼装有2门20毫米（0.79英寸）或37毫米（1.47英寸）航炮；驾驶舱后装有1挺12.7毫米（0.50英寸口径）手动瞄准机枪；外翼下装有600千克（1320磅）炸弹或8枚RS–82或4枚RS–132火箭弹

外形尺寸： 翼展　14.60米（48英尺）

　　　　　　机长　11.65米（38英尺）

　　　　　　机高　3.40米（11英尺）

　　　　　　机翼面积　38.50平方米（414平方英尺）

伊尔-2M3"屠夫"飞机档案

◆ 1941—1942年，有一种采用M-82星形发动机的伊尔-2试验机进行了测试，但没有投产。

◆ 在某一时期，伊尔-2飞机的月产量超过1000架。

◆ 在苏联作战的德国士兵把伊尔-2飞机称为"黑色死神"。

◆ 苏联海军有一种双重控制可携带鱼雷的伊尔-2飞机。

◆ 有些苏联空军的伊尔-2飞机是由女飞行员驾驶的。

◆ 一些伊尔-2飞机改装成了一前一后的双座教练机。

▲ 大量生产

  苏联优先生产伊尔-2飞机。需求量很大，很紧迫，以至于主要改进都被搁置了。

最大航速

　　对地攻击战斗机往往需要更多的防护而不是最佳的性能。携带有重型武器和装甲板的飞机（如伊尔-2和亨舍尔Hs 129）意味着速度并不快。"屠夫"飞机从来就不是一种十分灵活的飞机。

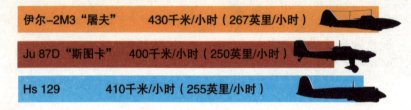

伊尔-2M3"屠夫"　　430千米/小时（267英里/小时）

Ju 87D"斯图卡"　　400千米/小时（250英里/小时）

Hs 129　　410千米/小时（255英里/小时）

载弹量

　　著名的"斯图卡"俯冲轰炸机起初是作为轰炸机而不是对地攻击机设计的，它能携带较重的比其他两种带装甲板的飞机载弹量要多负载。这三种飞机都携带大量的小型穿甲弹或人员杀伤武器。

伊尔-2M3"屠夫"
600千克（1320磅）

Ju 87D"斯图卡"
1800千克（3960磅）

Hs 129
250千克（550磅）

武器

　　摧毁一辆坦克需要有一门强大的航炮，东线战场上空标准的37毫米（1.47英寸）口径武器能击穿大多数坦克的薄顶或后部装甲。但是，"屠夫"飞机却需要炸弹和火箭弹，以对付大量保护很好的"豹"式或"虎"式坦克。这些坦克是德国在1943年的库尔斯克战役之后装备的。

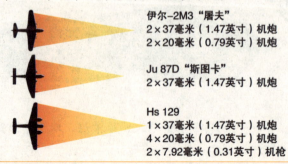

伊尔-2M3"屠夫"
2×37毫米（1.47英寸）机炮
2×20毫米（0.79英寸）机炮

Ju 87D"斯图卡"
2×37毫米（1.47英寸）机炮

Hs 129
1×37毫米（1.47英寸）机炮
4×20毫米（0.79英寸）机炮
2×7.92毫米（0.31英寸）机枪

苏联伊柳申（IIYUSHIN）设计局

伊尔-4型飞机

- ● 中型轰炸机　● 重新设计　● 可作鱼雷轰炸机

　　伊尔-4飞机1940年1月首飞，1942年3月把原名DB-3F重新命名为伊尔-4。流线型机身和简单结构的伊尔-4以配有一挺机枪的玻璃机鼻取代了早期的机鼻炮塔。机身后部装有两门舰炮，分别在炮塔内和机身下方。

伊柳申设计局伊尔–4飞机

▲ **纪录尝试**

DB–3原型机曾试图从莫斯科直飞纽约，但在飞行8000千米（4960英里）后，紧急降落在Miscou海岛上。照片中有一名机组乘员正在救生筏上休息。

▶ **回收飞机**

德国入侵苏联使得物资匮乏，重要的设备都从受损的飞机上拆下用于组装新机。

▲ **前置火力**

伊尔–4飞机具有一个完全改变的机鼻,其内有领航员/投弹手。安装在机鼻处的ShKAS机枪被装在万向轴上。

◀ 到了1943年,苏联军队得到了更好的装备补充。这些伊尔–4飞机已经完成了维护,总工程师确认可以飞行。

▲ 轰炸柏林

　　苏德开战后，国防发展局（远程航空）的DB-3B飞机对柏林实施了零星的攻击。这架DB-3B飞机被俘获后，由芬兰空军用来攻击苏联。

伊尔-4型飞机

类型：远程轰炸机和鱼雷轰炸机

发动机：2台820千瓦（1100马力）的Tumanskii M-88B 14缸气冷星形发动机

最大航速：在6000米（19700英尺）高度时为430千米/小时（267英里/小时）

爬升率：12分钟内爬升至5000米（16400英尺）

战斗半径：1510千米（936英里）

航程：装满油料时3585千米（2220英里）

实用升限：9400米（30850英尺）

重量：空机重量5800千克（12760磅），最大起飞重量10300千克（22660磅）

武器：3挺机枪，外加2500千克（5512磅）炸弹或1枚鱼雷

外形尺寸：翼展　21.44米（70英尺4英寸）

　　　　　　　机长　14.80米（48英尺6英寸）

　　　　　　　机高　4.20米（13英尺9英寸）

　　　　　　　机翼面积　66.70平方米（718平方英尺）

▲ 快速生产

到1944年，苏联工业高速生产飞机。最终生产了5265架伊尔－4飞机。

伊尔－4型档案

◆ 伊尔－4飞机是从DB－3发展而来的，而DB－3飞机在20世纪30年代后期曾创造了数个世界高度纪录。

◆ 芬兰使用俘获的DB－3和伊尔－4飞机攻击苏联。

◆ DB－3F（伊尔－4）飞机在1939年6月的国家验收试验中展示了极好的性能。

◆ 为了拖曳A－7或G－11滑翔机，大部分伊尔－4飞机都安装有一个系索挂钩。

◆ 许多伊尔－4飞机在战后改为运输或地球物理测量飞机。

DB-3B型飞机改为伊尔-4最为显著的特征是机头更具流线型、更加光滑的玻璃机鼻。机枪手坐在领航员或投弹手之前，操纵1挺7.62毫米（0.30英寸）口径或12.7毫米（0.50英寸）口径机枪或1门20毫米（0.79英寸）航炮。

由于金属短缺，驾驶舱是木制地板。主要设备有1台无线电罗盘、1台自动驾驶仪和1个防冻系统。6毫米或9毫米（1/4或1/3英寸）厚的装甲板为机组人员提供防护。

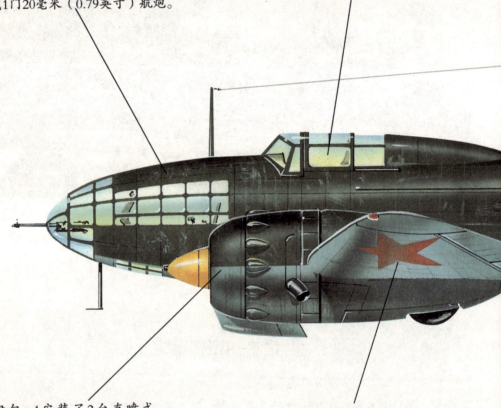

伊尔-4安装了2台直喷式Tumanskii M-88B星形发动机。1942年后，螺旋桨又完全改为顺式。

伊尔-4的机翼为全金属，但是1942年制造的多数飞机因轻型合金短缺而采用木质的机翼和强力撑杆结合。

伊尔–4飞机

这架红军空军的伊尔–4属于1944年在东线作战的某轰炸机团。

伊柳申飞机的背部电动炮塔可安装1
挺12.7毫米（0.50英寸）UBT机枪或
ShVAK 20毫米（0.79英寸）航炮，为
飞机的上方或后方提供良好的防护。

与早期的DB–3相比，伊尔–4
简化的机身更容易快速制造。
炸弹舱最多可携带2500千克
（5512磅）炸弹或地雷，也可
携带高空或低空鱼雷。

伊尔–4的更加复杂的半自
动收缩底座取代了DB–3B
型飞机腹部上机枪的固定
环，从而给飞机的下方提供
更好的防护。

苏联二战时一流的轰炸机

伊尔-4广泛服役于苏联远程和海军航空兵部队。装满油料后，它可携带10枚100千克（220磅）炸弹，以270千米/小时（167英里/小时）的速度飞行超过3500千米（2175英里）的航程。短程飞行时，它在机翼和机身下方可携带3枚500千克（1100磅）炸弹；执行近距离战术任务时，它最多可携带2500千克（5512磅）炸弹。其海军机型至少可携带1枚鱼雷。

由DB-3改为伊尔-4时做了许多的改进：一是用M-88取代M-87A发动机；二是尽管使用木材以代替轻型金属合金；三是将12.7毫米（0.50英寸口径）机枪定为标准用枪。该机到1944年停产时共生产了5000多架。

1941年8月，15架伊尔-4发动了苏联对柏林的首次袭击，但造成的损失不大。该机型也曾服役于德军东线，攻击补给线和战略目标。

除了担负主要任务以外，伊尔-4还用于运输、拖曳滑翔机和实施战略侦察（炸弹舱内可以配备1台照相机）。该机在海军服役直到1949年，北约称之为"鲍伯"。

右图： 由于德军入侵后金属短缺，外部翼片、驾驶舱地板和发动机后方排气的尾锥体均为木制。

左图： 伊尔-4具有良好的航程、可观的携弹量和有效的武器，它是苏联最好的轰炸机之一。

伊柳申设计局的双引擎轰炸机

■DB-3B：伊尔-4的前身，由于武器或飞行速度不及其后来的机型，因而易遭到敌方战斗机的攻击。这是在芬兰服役的其中一架。

■伊尔-28 "小猎犬"：作为苏联在冷战初期主要的轰炸机，它是一种非常重要的机型。该机数量庞大，至今仍有少数在服役。

■伊尔-54 "喷灯"：这种超音速轰炸机只生产了1架。由于存在较严重的空气动力学问题，1957年被取消生产计划。

效果数据

最大航速

在同种类型的飞机中，伊尔-4的最大航速达430千米/小时（267英里/小时），大大超过He 111飞机。因良好的航程和装载能力，伊尔-4在如下3种机型中最适合战术轰炸任务。

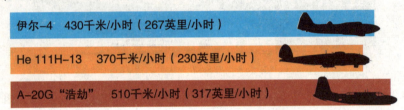

伊尔-4　430千米/小时（267英里/小时）

He 111H-13　370千米/小时（230英里/小时）

A-20G "浩劫"　510千米/小时（317英里/小时）

航程

航程是伊尔-4飞机一项的优势。它可从苏联领土的深处飞抵柏林。较短航程的A-20用于战术任务。而亨克尔He 111飞机一直受到短航程的限制。

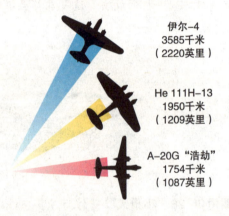

伊尔-4
3585千米
（2220英里）

He 111H-13
1950千米
（1209英里）

A-20G "浩劫"
1754千米
（1087英里）

武器

美国空军A-20G的机头配备强大的机枪组，适合对地面进行扫射。He 111和伊尔-4则有更大的携弹能力，可携带大约2.5吨的炸弹。

伊尔-4

1×12.7毫米（0.50英寸）机枪
2×7.62毫米（0.30英寸）机枪
2500千克（5512磅）载弹量

He 111H-13

1×20毫米（0.79英寸）机枪
1×13毫米（0.51英寸）航炮
7×7.9毫米（0.31英寸）机枪
2500千克（5512磅）载弹量

A-20G "浩劫"

9×12.7毫米（0.50英寸）机枪
1364千克（3000磅）载弹量

德国容克（JUNKERS）飞机公司

Ju 52/3m飞机

● 三发动机运输机　● 第二次世界大战中闻名　● 绰号"Tante Ju"

　　纳粹德国空军将"雨果容克"三发动机运输机命名为"Tante Ju"（"容克姨妈"），以表示对这种速度较慢但坚固可靠飞机的信任。虽然遭受巨大损失，但Ju 52/3m是第二次世界大战德国最主要的空运力量，它向欧洲战区运送了大量的部队和补给品。

容克公司Ju 52/3m飞机

◀ "容克姨妈"飞机实施伞降

伞兵从一架纳粹德国空军的Ju 52/3m上跳伞。与伞兵降落伞相连的固定绳索和较低的跳伞高度说明了伞兵是一些新手。

▼ 遭到攻击

一架Ju 52/3m飞机在北非遭到盟军的攻击而迫降。

▲ 1941年北非

纳粹德国空军Ju 52/3m飞机准备空投补给品支援非洲军团。

▲ Ju 52/3m的主要任务是运送部队和
伞兵。它成就了德军早期一些最为
大胆的伞兵部队袭击，并在战后继
续服役于个别国家。

▲ 装备浮舟体

一些Ju 52飞机在装备浮舟体后更降低
了本来就较低的最大航速，其滑行只
依靠一台发动机就可以进行。

三人机组，机舱可乘坐18人，还
可以运载大量货物。

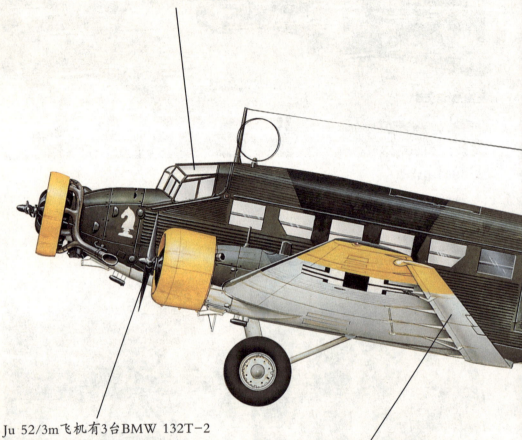

Ju 52/3m飞机有3台BMW 132T-2
发动机。机翼上的发动机略微向外
倾斜，以使在某台发动机故障失灵
时易于控制。因此机翼和机身受到
排气的污染特别明显。

当时许多容克飞机的设计以副翼
和辅助翼为特点。它们安装在主
翼的后方，这可以缩短起降距
离。

Ju 52/3mg7e飞机

这架编号为1Z+LK的飞机属于驻扎在希腊米洛斯岛基地的第1特别运输机联队第2中队，1941年5月入侵克利特岛。当时有493架Ju 52/3m飞机集结并实施空降作战。

一小块挡风玻璃以抵挡飞机的气流，以便于机枪手操纵安装在机身背部的7.92毫米（0.31英寸）MG 15机枪。

Ju 52/3m飞机通过链节和滑轮进行机械控制。机尾的控制装置在机舱底部的下方。

Ju 52/3m飞机的机壳为波纹铝合金，承重性能好，无比坚固，也不影响飞机的载重。这种构造是许多早期客机的一大特点。

"容克姨妈"：纳粹德国空军的"姨妈"飞机

容克公司拥有长期制造全金属的单发动机民用运输机的经验。

而最初的Ju 52/3m也是单发动机的货机。容克Ju 52/3m于1932年4月首飞，除了作为货机外，还有230架在汉莎航空公司用作客机，另有许多出口。

1932年，纳粹德国开始秘密组建空军。1934年，首架军用Ju 52/3m3e轰炸机问世。虽然有若干Ju 52飞机参加了西班牙内战，但它在第二次世界大战期间几乎未曾担负轰炸机的任务而仍是一种运输机。

对波兰实施闪电战的初期开始服役的Ju 52/3m有数种机型，除了两种外其他差别细微。

在挪威战役中，装备浮舟体的Ju 52/3m "瓦色尔"飞机可以在海湾降落以便人员和装备登陆，而Ju 52/3m（扫雷）飞机则安装了高能索环以引爆盟军的水雷。

外形笨重的"容克姨妈"飞机作为担负战术运输机损失惨重，但应用广泛，也立下了赫赫战功。

Ju 52/3m档案

◆ 德国总共制造了4835架Ju 52/3m飞机。但到了欧洲胜利日时只有不到50架能飞。

◆ 作为客机，Ju 52/3m飞机曾经在英国、乌拉圭等28个国家使用。

◆ 战后，法国和西班牙分别制造了400架和170架这种飞机。

◆ Ju 52/3m曾在3日内向在德姆扬斯克被围的6个德国师空投了22399长吨（22045吨）补给。

◆ 有3架Ju 52/3m飞机在瑞士空军服役直到20世纪80年代。

◆ 在重量为10476千克（23100磅）时，Ju 52/3m飞机仅滑行350米（1150英尺）就能以109千米/小时（68英里/小时）的速度起飞。

上图：扫雷飞机出动时必须低空飞行，因此非常危险。

Ju 52/3mg7e型飞机

类型：18座军用运输机

发动机：3台619千瓦（830马力）的BMW 132T-2 9汽缸风冷式星形发动机

最大航速：在海平面高度时为295千米/小时（183英里/小时）

初始爬升率：208米/分钟（682英尺/分钟）

实用升限：5500米（18050英尺）

重量：空机重6546千克（14432磅），最大载满量10493千克（23133磅）

武器：通常为3挺7.92毫米（0.31英寸）机枪，其中一挺位于机身背部，其余通过舷窗与机身成直角向外射击。

外形尺寸：翼展　29.24米（95英尺11英寸）

　　　　　　机长　18.80米（61英尺8英寸）

　　　　　　机高　4.5米（14英尺9英寸）

　　　　　　机翼面积　110.46平方米（1189平方英尺）

▲ 飞向克里特岛

　　装备浮舟体的Ju 52/3m飞机服役于挪威和地中海地区，登机时须借助梯子。

上图：Ju 52/3m飞机是纳粹德国空军部署伞兵部队的主要手段，而道格拉斯C-47飞机则是盟军主要的人员运输机。

Ju 52/3m的多重角色

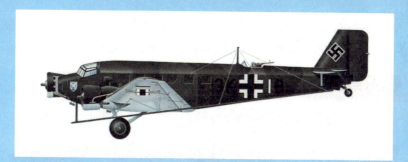

■**在芬兰扫雷**：这架飞机属于赫尔辛基的空中扫雷大队，于1943−1945年的冬天负责芬兰海湾的扫雷任务。

■**在地中海**：这架1942年驻意大利的Ju 52/3mg6e飞机的前驾驶舱上部安装了一个炮塔，其机身上白色的标志表明它隶属于地中海战区。

■**在苏联前线**：被涂上白色伪装的Ju 52/3m活跃于1942−1943年冬天的苏联前线，其任务是为地面部队提供补给。

效果数据

航速

Ju 52/3mg7e最大航速较低,易遭攻击,因此机组人员依靠其强壮的结构来保证安全。Li-2飞机是在苏联制造的C-47运输机,速度低于美制机型。

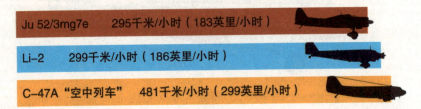

Ju 52/3mg7e   295千米/小时(183英里/小时)

Li-2   299千米/小时(186英里/小时)

C-47A "空中列车"   481千米/小时(299英里/小时)

航程

尽管航程是任何运输机的一个重要性能指标,但是这些运输机更加频繁地参加战术行动,在这些行动中,在较短的航程上运送更多的货物或人员则更为重要。

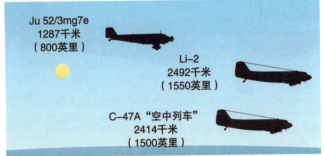

Ju 52/3mg7e
1287千米
(800英里)

Li-2
2492千米
(1550英里)

C-47A "空中列车"
2414千米
(1500英里)

动力

如果有一台发动机发生故障,装有3台发动机的Ju 52/3m飞机便有了很大的安全优势。额外的动力也使Ju 52/3m有极佳的运载能力,加上特殊的机翼设计,更可以在短距离起降。

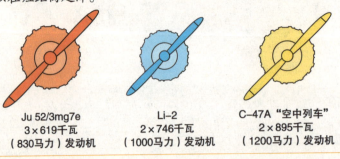

Ju 52/3mg7e
3×619千瓦
(830马力)发动机

Li-2
2×746千瓦
(1000马力)发动机

C-47A "空中列车"
2×895千瓦
(1200马力)发动机

德国容克（JUNKERS）飞机公司

Ju 86型飞机

- 西班牙内战　● 驾驶舱视界差　● 高空轰炸机

　　随着纳粹德国空军在20世纪30年代的秘密发展，德国航空部和国营的汉莎航空公司决定为如下两种飞机制定标准：一是为空军制造一种双用途中型轰炸机；二是为汉莎航空公司制造一种高速航线用的10座位运输机。亨克尔和容克公司接受任务，这两种飞机的设计分别是He 111和Ju 86。

容克公司Ju 86型飞机

▲ 航空服务

尽管Ju 86是军用机，但仍有少量用作民航班机。第二次世界大战结束后，一些Ju 86一直用作瑞典空军的货运飞机服役到20世纪50年代。

▲ 驾驶员的视界

Ju 86的一大缺点是驾驶舱的视界极差，这导致飞机在跑道滑行或降落时，事故频繁发生。

◀ 容克公司根据驾驶员的意见改进了Ju 86的驾驶舱，但地面作战中事故仍时有发生。图为在瑞典服役的容克飞机，它一直服役至1956年。

◀ **袭击英国**

高空轰炸机Ju 86P-1是专用飞机。虽然给英国皇家空军造成了一定的麻烦，但最终没能取得多大成功。

▲ **汉莎航空公司的运营**

在第二次世界大战爆发以前，Ju 86是德国航空公司的高速班机，后来归纳粹德国空军掌握。

▲ 机鼻触地

    冰雪覆盖的东线的一个机场上，一架Ju 86飞机在试图降落时坠毁。

Ju 86D-1型飞机

类型： 4座中型轰炸机

发动机： 2台447千瓦（600马力）的Jumo 250C-4型6缸柴油发动机

最大航速： 在3000米（9850英尺）高度时为325千米/小时（202英里/小时）

巡航速度： 在3500米（11485英尺）高度时为285千米/小时（177英里/小时）

航程： 1500千米（932英里）

实用升限： 5900米（19360英尺）

重量： 空机重5150千克（11354磅），最大起飞重量8200千克（18078磅）

武器： 机头、机背和机腹处共有3挺7.92毫米（0.31英寸）机枪，另有1枚800千克（1764磅）炸弹

外形尺寸： 翼展　22.50米（73英尺10英寸）

             机长　17.87米（58英尺8英寸）

             机高　5.06米（16英尺7英寸）

             机翼面积　82.00平方米（883平方英尺）

容克公司战时的设计

■Ju 52：该机绰号为"容克姨妈"。1939年，它是纳粹德国空军最主要的运输机。照片中的飞机是许多衍生机型中很少见的专用反水雷机型。

■Ju 87：著名的"斯图卡"，是专用对地攻击机，二战早期广泛使用。但后来发现它极易受到敌军新式战斗机的攻击。

■Ju 88：用来取代Ju 86飞机，纳粹德国空军的主力机型之一。有许多专用的衍生型号，包括夜间战斗机。

Ju 86驾驶舱的视界很差。驾驶
员在降落时看不见地面，飞机
受损的事故时有发生。

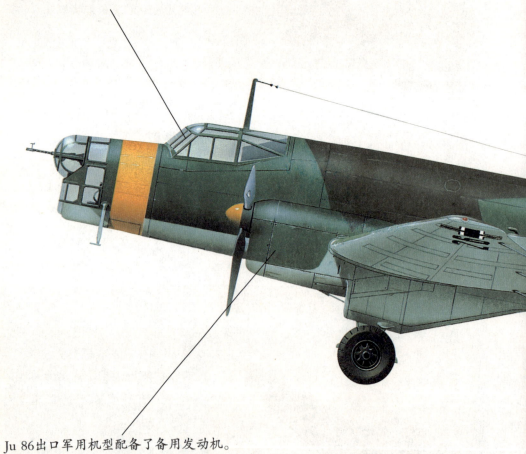

Ju 86出口军用机型配备了备用发动机。
瑞典采购的3架飞机安装的是普惠"大
黄蜂"星形发动机。其他的衍生机型配
备的都是波兰制造的布里斯托尔"飞
马"发动机。

Ju 86D型飞机

　　Ju 86最初是为汉莎航空公司的客机而开发的，目的是掩盖其军事潜力。它尽管最终被其他机型所超越，但却为He 111和Ju 88铺平了道路。

虽然进行了一系列改进，但是性能较差的发动机还是阻碍了Ju 86性能的提高。

这架Ju 86飞机在其尾翼面上有一个巨大的纳粹标志，这是二战早期的喷涂方案。后来为了防止敌军战斗机的攻击转而采用了一种更暗的色彩方案。

机身下方设置一个可收缩吊舱。吊舱上安装了1挺机枪，由轰炸机机组人员操作。当吊舱放下时，飞行速度会降低。

容克飞机参战

两台容克Jumo柴油发动机驱动的低翼强化表面的Ju 86飞机在1939年就有些过时了。相反，按照Ju 86标准制造的He 111却自始至终参加了二次大战。

1934年11月4日，Ju 86（V-1）轰炸机首飞。早期飞行表明，该机存在稳定性方面的问题，后由新型机翼加以解决。1936年，Ju 86A-1轰炸机开始在纳粹德国空军服役。与此同时，德国汉莎航空公司也接收了Ju 86B-0飞机。

Ju 86D-1的尾锥体得到改进，解决了控制问题。德国"兀鹰军团"对其中的5架进行评估，核实了Jumo柴油发动机确实存在缺点。1937年，Ju 86E-1型飞机改为安装BMW 132星形发动机，并开始服役。

与此同时，容克公司还研制Ju 86飞机的一种高空侦察/轰炸机型。1940年2月首飞Ju 86P的原型机则配备增压式的Jumo 207发动机和加压驾驶舱。

1940年夏，这种高空侦察/轰炸机在英国上空执行高空飞行任务时，未受到任何挑战。后来，Ju 86D的改进型Ju 86P也参加了对苏联的作战。

Ju 86D-1档案

◆ 在对斯大林格勒实施包围期间，Ju 86教练机也参与了向被困的德军空运补给品行动。此役共损失了40架Ju 86飞机。

◆ 1943年9月，仍有几架Ju 86轰炸机在东线服役。

◆ 到1944年年中为止，匈牙利空军一直使用Ju 86攻击苏联目标。

◆ 交付给南非航空公司的Ju 86客机被空军用于训练任务。

◆ 瑞典使用沙巴公司制造的Ju 86运输机直至20世纪50年代。

◆ 容克公司曾将Ju 86P发展成Ju 86R型飞机，但为时已晚，没能参战。

上图：虽然Ju 86是当时一种先进的轰炸机，但它在纳粹德国空军服役时性能并不可靠。

上图：在早期的作战行动中，纳粹德国空军采用集中编队轰炸机与地面协同作战。

效果数据

最大航速

　　容克公司是纳粹德国空军主要的轰炸机供应商。随着航空技术的不断进步，其飞机的性能也逐渐得到提高。

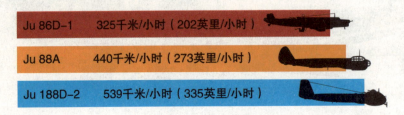

Ju 86D-1　　325千米/小时（202英里/小时）

Ju 88A　　440千米/小时（273英里/小时）

Ju 188D-2　　539千米/小时（335英里/小时）

最大航程

　　考虑到要在更大距离上攻击目标，纳粹德国空军需要一种比Ju 86更加先进的飞机。Ju 88成为战时纳粹德国空军主要的轰炸机。

Ju 86D-1
1500千米
（932英里）

Ju 88A
1800千米
（1118英里）

Ju 188D-2
3395千米
（2110英里）

实用升限

　　配备更大功率的发动机，使飞机能够在更高的高度上飞行并规避敌军战斗机。Ju 86的一种衍生型可以专门用于高空侦察任务。后来的Ju 188可达到的航高是Ju 86标准航高的2倍。

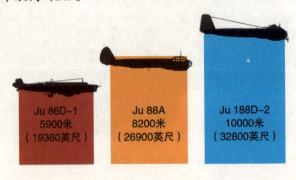

Ju 86D-1
5900米
（19360英尺）

Ju 88A
8200米
（26900英尺）

Ju 188D-2
10000米
（32800英尺）

德国容克（JUNKERS）飞机公司

Ju 87 "斯图卡（Stuka）" 飞机

● 俯冲轰炸机　● 反坦克飞机　● 攻击舰船

第二次世界大战给人们留下各种的长久记忆中，容克Ju 87 "斯图卡"飞机刺耳的尖叫声尤为突出。它突然俯冲发出令人不寒而栗的啸叫声。在波兰战役中，它以突出的向地面部队提供近距离支援能力而一举成名。并具有很强的适应能力。1939—1945年，Ju 87在所有战线上作战。

容克公司Ju 87"斯图卡"飞机

▲ 对于不断向前推进的德国国防军而言，"斯图卡"飞机好比远程火炮。它能在各种前线机场起降，可以在数分钟之内对目标实施毁灭性打击，从而支援部队向前推进。

◀ **死里逃生**

这名飞机后部枪炮手庆幸在与苏联战斗机近战后，飞机受损严重的情况下还能生还。

▲ 攻击航空母舰

在地中海，Ju 87R给英国皇家海军造成了巨大损失，重创了英国皇家海军"杰出"号航空母舰。

▲ 枪战能手

在汉斯·乌尔里希·鲁德尔那样的王牌飞行员手中，Ju 87G型飞机是致命的反坦克武器。但它很容易成为战斗机攻击的目标。

◀ 葬身沙漠

在支援非洲军团尤其是对托布鲁克轰炸中，"斯图卡"飞机表现出色。然而，当英国皇家空军夺取制空权后，"斯图卡"飞机则变得非常脆弱。

▲ 冬季的滑雪者

　　"斯图卡"飞机在苏联作战时，滑雪橇常常替代了机轮。到了1943年，它在近距离支援任务中逐步被Fw 190飞机取代。

Ju 87 "斯图卡"档案

◆ 配备了劳斯莱斯"红隼"发动机，"斯图卡"原型机在1935年春首飞。

◆ 总计5700多架Ju 87飞机的最后一批于1944年9月交付。

◆ 汉斯·乌尔里希·鲁德尔驾驶Ju 87G飞机击毁了500多辆苏联坦克。

◆ 在突然俯冲之后，即使驾驶员暂时失去知觉和控制，Ju 87也能借助特殊装置将飞机拉起。

◆ 一批海军Ju 87飞机在"齐伯林伯爵"号航空母舰上服役。

◆ "斯图卡"曾经在保加利亚、匈牙利、意大利、罗马尼亚和斯洛伐克服役。

Ju 87D-1 "斯图卡"飞机

类型：双座俯冲轰炸/攻击机

发动机：1台1051千瓦（1410马力）的容克Jumo 211J-1型12缸反V型活塞发动机

最大航速：在3840米（12600英尺）高度时为410千米/小时（254英里/小时）

航程：1535千米（950英里）

实用升限：7290米（23910英尺）

重量：空机重3900千克（8580磅）；最大起飞重量6600千克（14520磅）

武器：机翼有数挺7.92毫米（0.31英寸）MG 17机枪，后舱有2挺7.92毫米MG 81Z机枪，外加机身下方的1800千克（3960磅）炸弹，或预备的起落架/机翼下负载

外形尺寸：翼展　13.80米（45英尺）

机长　11.50米（38英尺）

机高　3.90米（13英尺）

机翼面积　31.90平方米（343平方英尺）

Ju 87G "斯图卡"飞机

　　1944年春，在西奥·诺曼少校的指挥下，第3对地攻击联队使用这架"斯图卡"飞机在苏联作战，联队共执行了1200多次战斗任务。

Ju 87G采用容克Jumo 211发动机。发动机外罩上的标识是一个"Kill"荣誉徽章。Ju 88和亨克尔111飞机也使用Jumo发动机。

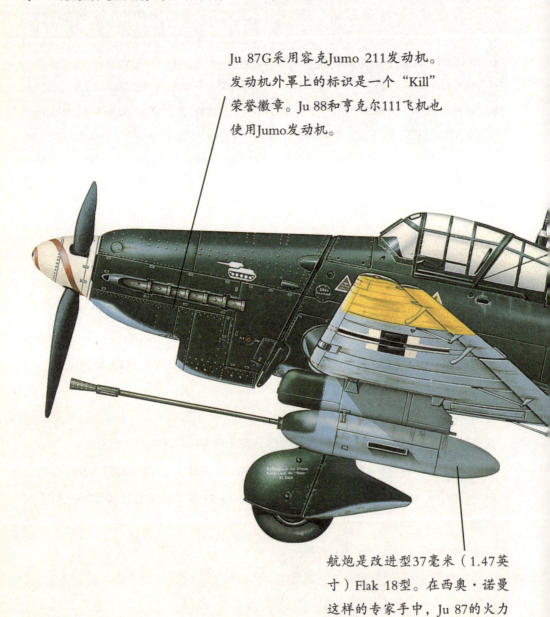

航炮是改进型37毫米（1.47英寸）Flak 18型。在西奥·诺曼这样的专家手中，Ju 87的火力是致命的。

Ju 87还装备2挺前射航炮或机枪，可以有效压制地面的反击火力。

"斯图卡"飞机以曲柄翼为特点，起落架短而坚固，留出了更大的空间以便在机身下方携带1枚大型炸弹。

防御武器只有1挺或2挺机枪，通常不能抵御战斗机的攻击。

最初的机尾为双翼设计，但在早期的原型机之后就被单尾翼取代了。

"斯图卡"是为了大规模生产而设计的。机身沿中线的一个金属框架由两部分构成。

494231

S7+EN

闪电式俯冲轰炸机

可以实施精确致命的攻击，发挥着高机动性火炮的作用的Ju 87被德军用来与地面部队近距离协同作战。"斯图卡"（德语意为俯冲轰炸机）成群飞越波兰、挪威、法国和低地国家实施毁灭性的对地攻击，其刺耳的尖叫甚至引起敌方精锐部队的恐慌。

然而在不列颠战役中，Ju 87不可战胜的神话被"飓风"和"喷火"战斗机打破。Ju 87有着海鸥式的机翼和固定起落架，飞行速度较慢，极易受到现代战斗机的攻击。

但它仍然是强大可靠的轰炸机，在东线得到大量运用。除苏联的伊柳申伊尔-2"屠夫"飞机外，Ju 87摧毁的坦克多于它击毁的飞机数量。

自1939年起，Ju 87均由威悉公司的滕佩尔豪夫工厂制造。经过不断改进之后，"斯图卡"提高了动力和防护，但从未能克服易遭战斗机攻击的缺陷。

上图：Ju 87的枪炮是很大威力的武器，但这些设备产生的阻力进一步降低了飞行速度。

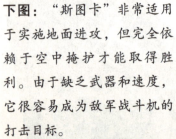

下图："斯图卡"非常适用于实施地面进攻，但完全依赖于空中掩护才能取得胜利。由于缺乏武器和速度，它很容易成为敌军战斗机的打击目标。

俯冲轰炸机攻击

■**精确打击**：俯冲轰炸是精确而致命的。驾驶员从2000米（6560英尺）左右的高度向下俯冲，在300米（980英尺）的高度上投掷炸弹。俯冲角度在60~90度之间，驾驶员可准确瞄准目标。"斯图卡"机组人员通常在离目标很近距离时投弹，甚至直接打击目标。俯冲之后向上拉起时，但Ju 87极易受到攻击。

1 目标上空：在接近目标之前，"斯图卡"通过直线水平飞行开始攻击。

2 转动机身：在接近目标时，驾驶员半转机身，然后以几乎垂直的角度向下俯冲。

5 自动拉升：在投掷炸弹后，自动恢复系统将"斯图卡"从几乎垂直的俯冲中拉起。该系统使用接触式高度计，由驾驶员操作保留式按钮予以激活。拉升通常以6个重力加速度完成。

3 大角度俯冲：在俯冲期间，驾驶员利用副翼瞄准目标。俯冲闸自动调整合适的俯冲角度。

4 刺耳尖叫：啸叫着的汽笛安装在起落架上，在俯冲时发出令人恐怖的尖厉刺耳声音，增加了攻击的心理震撼效果。

德国容克（JUNKERS）飞机公司

Ju 88型飞机

- 高速轰炸机 ● 夜间战斗机 ● 多功能飞机

　　容克Ju 88A是历史上功能最多的作战飞机之一。它的空战能力优于其他战斗机，能执行其他几乎是任何军事任务。它能作轰炸机、护航战斗机、夜间战斗机、反坦克攻击机、鱼雷轰炸机、运输机和侦察机。它速度快、坚固、可靠，成为第二次世界大战中期纳粹德国空军最重要的战术轰炸机。

容克公司Ju 88型飞机

▲ Ju 88A因为坚固和速度快受到德国
空军飞行员的欢迎，随着敌军战斗
机速度不断提高，Ju 88A也增加了
机枪和装甲防护，而作为重型战斗
机，它还携带大型航炮。

▲ **野战维修**

尽管系统复杂，从西伯利亚大草原
到沙漠，地勤人员必须能够在任何
地方为Ju 88更换发动机。

◀ **攻击舰船**

从地中海到北冰
洋，Ju 88轰炸机
编队给盟军护航
舰队以沉重的打
击。

▲ 座舱狭小

Ju 88的座舱狭小，这可能会鼓舞士气，但当飞机被击中时机组人员更容易伤亡。Ju 88常常在战斗机的攻击下生存下来。

◀ 跑道滑行

Ju 88A的机头光滑，机组人员具备良好的视界，这对于精确轰炸是至关重要的。但是如果战斗机从正面攻击的话则非常致命。

▲ 飞行炸弹

　　长期参战的Ju 88有时被用作飞行炸弹。飞行员坐在战斗机内，负责驾驶两架飞机。驾驶员将携带炸弹的轰炸机瞄准目标后便脱离轰炸机。

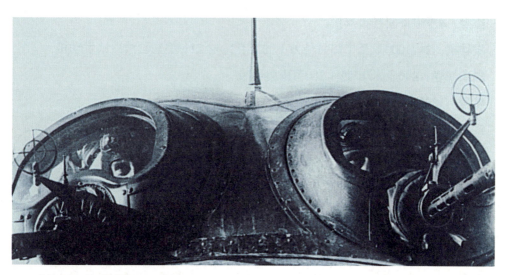

▲ "施耐尔"轰炸机

　　与夜间战斗机不同，轰炸机的机组人员并没有足够的火力。这时Ju 88A的高速度便成为其生存下来的主要手段。

Ju 88A-4型档案

- 1936年12月21日，Ju 88A原型机首飞。

- 1939年3月，第5架Ju 88A创造了以517千米/小时（320英里/小时）速度，携带2000千克（4410磅）负荷，静默航行1000千米（620英里）的纪录。

- 有一架Ju 88A飞机被用作飞行试验平台，以测试首批喷气发动机之一。

- 最终的机型Ju 88S轰炸机的最大速度达到600多千米/小时（370英里/小时）。

- Ju 88轰炸机和侦察机的总产量估计为10744架。

Ju 88A-4型飞机

类型：4座中型俯冲轰炸机

发动机：2台1000千瓦（1341马力）的容克Jumo 211J型12缸液冷式发动机

最大航速：440千米/小时（280英里/小时）

航程：1800千米（1200英里）

实用升限：8200米（27000英尺）

重量：空机重8000千克（17600磅）；满载后重14000千克（31000磅）

武器：2门13毫米（0.51英寸）航炮，4挺7.92毫米（0.31英寸）机枪，外加3000千克（6600磅）炸弹

外形尺寸：翼展　20.13米（66英尺）

机长　14.40米（47英尺3英寸）

机高　4.85米（15英尺11英寸）

机翼面积　54.50平方米（587平方英尺）

北冰洋攻击

盟军护航舰队在向苏联运送急需品时遭到海上和空中的交叉攻击。纳粹德国空军最有效的武器就是装备了鱼雷的Ju 88飞机。以挪威北部机场为基地的Ju 88攻击英国运输舰船，使数千万吨货物沉入冰冷的北冰洋。

■**鱼雷轰炸**：第30轰炸机联队以多达12架的Ju 88轰炸机成一线并列展开，投掷鱼雷，向盟军护航舰队实施大规模攻击。

■**北方护航舰队**：它们前往苏联的护航舰队护送盟军商船进入北冰洋后，夏季，北极圈以北在午夜时分仍有太阳在空中照耀，全天24小时都可能遭受Ju 88的空中打击。

Ju 88A–1型飞机

Ju 88A的轰炸机型在所有战区服役，并取得多次胜利，其中包括在地中海击中英国皇家海军"皇家方舟"号航空母舰。

Ju 88轰炸机机组人员通常有4名：驾驶员、投弹手、随机工程师和无线电报务员。

Ju 88A原本设计用于实施俯冲轰炸任务，因此其机翼携带有板条俯冲闸和炸弹架。

飞机腹部吊舱携带1挺机枪，必要时由无线电报务员进行射击。

起落架可收缩。主轮收缩时旋转90度，以便平坦进入薄翼之中。

早期的Ju 88A配备
Jumo 211星形发动
机，但有些机型
配备了动力更大的
BMW 801发动机。

机翼有2个主要加强杆。与机身
一样，其铝制表面由紧密排列
的铆钉加固。

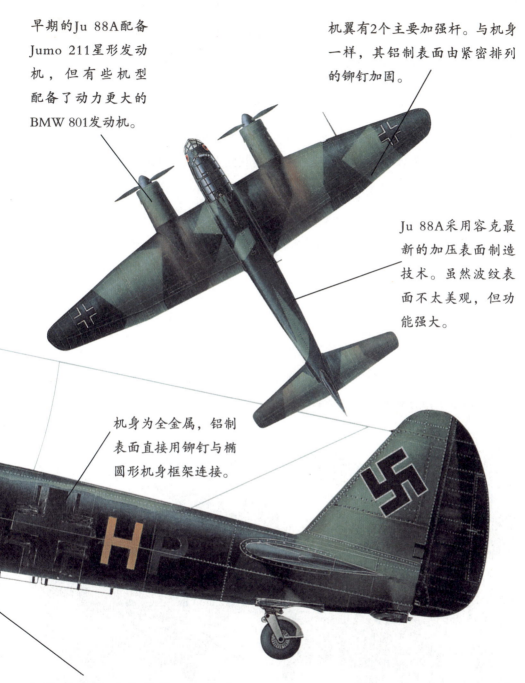

Ju 88A采用容克最
新的加压表面制造
技术。虽然波纹表
面不太美观，但功
能强大。

机身为全金属，铝制
表面直接用铆钉与椭
圆形机身框架连接。

小型武器舱只能携带500千克
（1100磅）炸弹，但是外部挂架使
携带量增至3000千克（6600磅）。

纳粹德国空军的骨干力量

Ju 88在入侵波兰后开始投入使用。它是少数参加德国对英国实施攻击的轰炸机之一，能够很好地规避英国战斗机。实战证明，Ju 88不仅生存能力强，而且可以在沙漠到北冰洋的各种条件下实行作战，它还可以担负侦察和夜战等多种任务。

即使是在德国几乎就要战败的时候，Ju 88轰炸机仍然在执行袭击英国城市的"孤狼"行动。续航能力的各种性能出色加上新配备了大量的新式电子配件，使Ju 88的战斗机和轰炸机的各种衍生机型都非常成功。

就飞行和作战能力而言，Ju 88则是其同类型飞机中最好的。大多数Ju 88飞机都在一个狭窄的舱室内容纳4名机组人员，这大大超过了此种大小规格的飞机所需要的人数，即使是三座式衍生机型也完全不舒服，但是Ju 88飞机却具有充足的动力，而且在几乎任何情况下都具有足够快和灵活的反应能力。

下图： Ju 88A-V7是一种特种机型。Ju 88轰炸机的原型机后来被改装成高速通信飞机。

效果数据

最大航速

在第二次世界大战开始阶段研制的这种双发动机轰炸机尽管首飞时速较高，但不久便被新一代的轰炸机所取代。

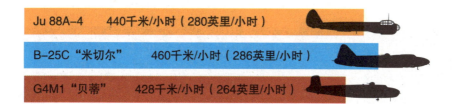

Ju 88A-4　440千米/小时（280英里/小时）

B-25C "米切尔"　460千米/小时（286英里/小时）

G4M1 "贝蒂"　428千米/小时（264英里/小时）

航程

日本轰炸机用在广阔的太平洋地区作战，德国轰炸机则主要用来对陆军实施近距支援。

Ju 88A-4
1800千米
（1200英里）

B-25C "米切尔"
2400千米
（1500英里）

G4M1 "贝蒂"
5000千米
（3100英里）

防御武器

人们后来发现以速度求防御的轰炸机有缺陷，但Ju 88飞机的机组人员挤在狭小的机舱内，却难以再增加武器数量。

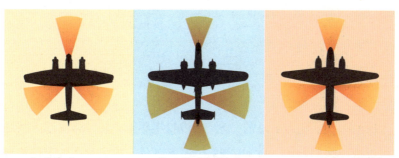

Ju 88A-4
2×13毫米（0.51英寸）机枪
4×7.9毫米（0.31英寸）机枪

B-25C "米切尔"
4×12.7毫米（0.50英寸）机枪
3×7.62毫米（0.30英寸）机枪

G4M1 "贝蒂"
1×20毫米（0.79英寸）航炮
3×7.7毫米（0.303英寸）机枪

Ju 188型飞机

- 高空侦察轰炸机　● Ju 88飞机的发展

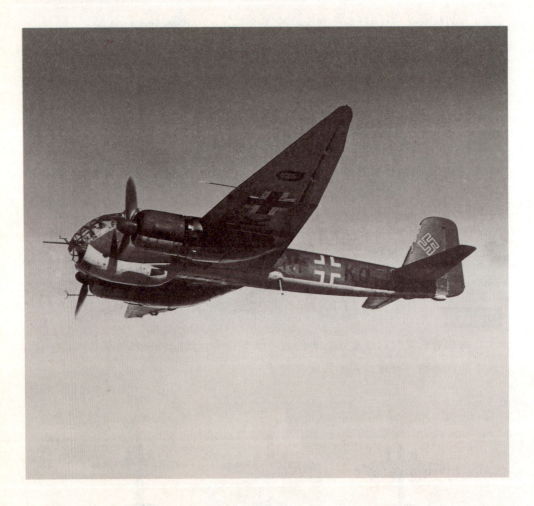

　　到了1939年，德国空军急需一种双发动飞机以取代老旧的He 111和Ju 88飞机。因领先设计先进轰炸机而闻名于世的容克提出的方案是Ju 288，但直到1942年年末，Ju 288设计方案还是被推迟了，急于找到替代的轰炸机的纳粹德国空军，选定了更加常规设计的Ju 188轰炸机。

60

容克公司Ju 188飞机

由于Ju 88取得了巨大的成功，Ju 188因此没有大量生产，因而也就没有能对纳粹德国空军的命运最终产生重大的影响。其实Ju 188可能是战斗力强大的轰炸机。在高空尤其具有优势，唯一的缺点是没有配备足够的武器装备。

▼ 纳粹德国空军退却时遭遗弃

这是被不断前进的盟军俘获的许多不能用的Ju 188飞机的悲惨命运：不是遭到退却的德军的遗弃，就是遭到盟军部队的击毁。

▲ 被俘的Ju 388高空轰炸机

　　这架Ju 388K-0飞机于1945被俘。在1948年公开展示以前，英国皇家飞机研究所对其进行了广泛的测试。

▲ 配备"霍恩特维尔"雷达的鱼雷轰炸机

　　这架Ju 188E-2鱼雷轰炸机有着FUG 200海上搜索雷达那种与众不同天线列阵，机身右舷凸出的部分用来容纳鱼雷操纵调整装置。

▲ Ju 188F-1型侦察机

超过半数以上的Ju 188用于执行侦察任务。与Ju 88相比，它能更充分地发挥BMW 801和Jumo 213发动机的性能。

▲ 国营东南飞机制造厂制造的Ju 188飞机

在配备有BMW 801发动机的Ju 188F-1侦察机的基础上，1945年之后，国营东南飞机制造厂为法国海军航空兵制造了10多架Ju 188E和Ju 188型飞机。照片中的这架飞机为其中的第3架。这些飞机和俘获自纳粹德国空军的30架Ju 188飞机共同组成法国海军航空兵首要的陆基轰炸机群。

纳粹德国空军的Ju 188飞机在整个
第二次世界大战过程中一直缺乏防
御武器，飞机后部极易遭到攻击。
侦察型的Ju 188飞机空出的炸弹舱
可安装备用油箱。

与4人机组的中型轰炸机不同，Ju
188D-2只有3人机组：驾驶员、
随机工程师和雷达/无线电操纵作
手。驾驶舱还取消了前射20毫米
（0.79英寸）MG 151舰炮。为了
执行海上任务，Ju 188D-2和配备
BMW 801发动机的Ju 188F-2都装
备了FuG 200搜索雷达。

纳粹空军一开始就要求Ju 188既
能装配Jumo 213液冷12缸发动
机，也能装配BMW 801式14缸
星形发动机，这可以最大限度地
降低发动机因素造成产能缺失。

Ju 188D-2型飞机

　　Ju 188D-2配属驻扎在挪威科克内斯的第1侦察机大队第124中队，是17个配备Ju 188D和F型侦察机的中队之一。他们通常为第III./KG 26轰炸机联队的Ju 188A-3鱼雷轰炸机提供观察报告。

标准的绿色伪装上涂有浅蓝色的"Wellenmuster"标记，也可
采用"Balkenkrauz"和"Hakenkreuz"的标记。

没能实现潜力的Ju 88后继机

尽管容克公司继续对不被重视的Ju 88E-0进行试验，但官方的Ju 88发展计划实际上已经停止了3年多。

首架真正的Ju 188（Ju 188V1）是Ju 88原型机V44。它采用Ju 88E机身，配备新型的背部炮塔、1门13毫米（0.51英寸）舰炮、加长的翼尖和方尾翼。到1943年1月，第2架飞机Ju 188V2进入测试阶段。投产飞机将配备Jumo 213直列或BMW 801星形发动机。

1943年8月18日，以法国为基地的Ju 188首飞，为轰炸袭击英格兰北部作准备。到1943年年底，纳粹德国空军已经接收了183架Ju 188。1944年1月，Ju 188参加"斯坦博克"作战行动，这是德军对伦敦实施的400架轰炸机规模的报复性袭击。

Ju 188E配备BMW发动机，其中一些安装有俯冲闸。而Ju 188A则配备Jumo发动机，用背部舰炮取代机枪。这两者都是最早的中型轰炸机，具有3000千克（6600磅）的载弹量。

然而，生产的1076架Ju 188飞机中有570架为188D和F型侦察机。有些配备FuG 200雷达以执行海上侦察任务，这些飞机曾在苏联和斯堪的纳维亚半岛参与行动，并经常与Ju 188A-3和E-2鱼雷轰炸机一起协同作战。

右图：Ju 188D-2随第1侦察机大队第124中队部署在挪威科克内斯。图中最近的一架飞机拆除了FuG 200"霍恩特维尔"雷达。

容克公司Ju 88轰炸机家族

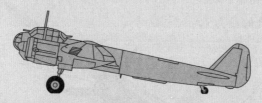

■**Ju88**：在第二次世界大战中，纳粹德国空军的Ju88飞机几乎能够执行所有的任务。总共生产了14500多架Ju 88飞机，并担负了从轰炸、攻击坦克到夜间作战的各种任务。其原型机于1936年首飞。

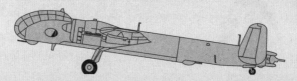

■**Ju 288**：德国航空部的"B型轰炸机"计划，要求中型轰炸机能够从法国或挪威的任何地方起飞，并携带4000千克（8800磅）载荷，以600千米/小时（370英里/小时）的速度飞往英国。与Ju 188和Ju 488型飞机不同，命运多舛的Ju 288型飞机是一种完全新式的设计。

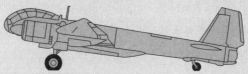

■**Ju 388**：该机是Ju 188发展而成的一种高空侦察/轰炸机。其特点是具有一个加压的驾驶舱和增强型发动机。Ju 388K型轰炸机具有一个尾部炮塔，但未曾服役。

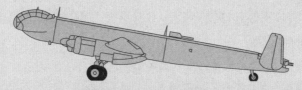

■**Ju 488**：到了1944年，纳粹德国空军仍然没有可靠的战略轰炸机。容克公司建议，利用现有的Ju 188、Ju 288和Ju 388的安装工具和部件，迅速生产4发动机的Ju 488飞机。但在欧洲胜利日之前未能飞行。

Ju 188A-3和E-2机机翼中段下方的4个承力点可以携带2枚鱼雷，而侦察型飞机上的承力点通常安装外部油箱。

采用MW50甲醇水溶液喷射注入的发动机和加长的翼尖，提高了飞机的飞行高度性能。起初，加长的翼尖使Ju 188很容易与英国皇家空军的"蚊"式飞机混淆。

Ju 188D-2型飞机

类型：海上侦察/攻击机

发动机：2台1268千瓦（1700马力）的容克Jumo 213A-1型12缸直列式发动机（在起飞时采用MW50甲醇水溶液喷射注入时功率为1671千瓦/2240马力）

最大航速：在6096米（20000英尺）高度时为539千米/小时（334英里/小时）

航程：配备副油箱在6096米（20000英尺）高度时为3395千米（2100英里）

实用升限：10000米（32800英尺）

重量：空机重9900千克（21780磅），最大载满量15195千克（33430磅）

武器：1门20毫米（0.79英寸）舰炮，后主座舱有1门13毫米（0.51英寸）MG 131舰炮，机腹阶梯处有1挺7.9毫米（0.31英寸）MG 87z双管机枪，外加用于昼夜任务的各种照相机

外形尺寸：翼展　22.00米（72英尺2英寸）

　　　　　　机长　14.95米（49英尺）

　　　　　　机高　4.44米（14英尺7英寸）

　　　　　　机翼面积　56.00平方米（603平方英尺）

Ju 188D-2型档案

◆ 在第二次世界大战之后，至少有30架来自纳粹德国空军和12架国营东南飞机制造厂制造的Ju 188E型飞机继续在法国海军航空兵中服役。

◆ 快速高空袭击机Ju 188S和侦察机Ju 188T的计划被提出来，最后导致Ju 388型飞机的出现。

◆ Ju 188因良好的操纵性能而备受机组人员的赞誉。

◆ 至少有1架Ju 188E被改装成高级人员的快速运输机。

◆ Ju 188R是一种夜间战斗机，但在通过鉴定之后并没有多大的发展。

◆ 遥控的机尾炮塔在Ju 188C型飞机上进行了试验，但结果并不好。

效果数据

高空中的最大航速

　　尽管具有良好的高空飞行速度，Ju 188D-2还是比不上德·哈维兰公司制造的英国皇家空军"蚊"式飞机，然而，阿拉道公司的Ar 234喷气式侦察机的速度是无与伦比的。

Ju 188D-2	539千米/小时（334英里/小时）
Ar 234B-2/b	742千米/小时（460英里/小时）
"蚊"式PR.Mk34	684千米/小时（424英里/小时）

航程

　　PR "蚊"式飞机的航程性能优越，正与其速度相匹配。尽管速度很快，但Ar 234与其他早期喷气机一样航程较短。所有这3种机型都曾用于远程轰炸。

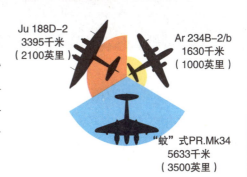

Ju 188D-2
3395千米
（2100英里）

Ar 234B-2/b
1630千米
（1000英里）

"蚊"式PR.Mk34
5633千米
（3500英里）

德国容克（JUNKERS）飞机公司

Ju 90/290型飞机

- 起源于客机　● 远程海上巡逻机　● 运输机

　　Ju 89轰炸机项目取消后，容克公司希望其长期研发的努力有所收获。于是新设计了一款机身加上Ju 89的机翼合成一种称为Ju 90的新型运输机。对这个设计进一步改进之后，又制造出Ju 290海上侦察机，并最终成为Ju 390飞机。这种大型的Ju 390飞机配备4台发动机，几乎能从欧洲飞抵美国。

容克公司Ju 90/290型飞机

▲ **由运输机发展成海上侦察机**

　　Ju 90V8飞机在装备防御武器之后成为Ju 90V11型飞机，这为Ju 290发展打下基础。图为从Ju 90升级后的Ju 290V1飞机。

Ju 290A-5型档案

◆ D-AALU是首架Ju 90V1飞机的原型机，它毁于1938年2月的一次事故中，当年的晚些时候V3飞机也招致毁损。

◆ 有2架Ju 290A-0和5架Ju 290A-1飞机参加了救援被困在斯大林格勒的德军的战斗。

◆ 1943年10月15日，第1远程侦察大队第5中队开始在大西洋上空实施作战。

◆ 南非航空公司的飞机原计划配备普惠公司"双胡蜂"发动机。

◆ 在日本，有3架Ju 290A-5飞机在拆除武器装备后用于运输任务。

◆ 1945年4月，Ju 290A-6携带逃跑的纳粹领导人飞到西班牙。

◀ Ju 290和Ju 90在德国纳粹空军的战线延伸到了极限又严重缺乏远程飞机时起到了重要作用。

▲ 起源于客机的Ju 90V1

随着第二次世界大战的临近，容克被禁止使用在原型机上试验的具有战略性重要性的Jumo 211或DB 600发动机。

▲ 德国最大的飞机

Ju 390V2只生产了两架，图中的飞机是第2架，直到现在仍然保持着德国最大常规飞机的纪录。

◀ 美国导弹发射试验平台

美国战后对这种罕见的Ju 290A-7飞机进行鉴定。该机型采用光滑机头，能够发射反舰制导弹。

Ju 290A-5型飞机

类型：远程海上侦察机

发动机：4台1268千瓦（1700马力）的BMW 801D型14缸气冷星型发动机

最大航速：在5800米（19000英尺）高度时为440千米/小时（273英里/小时）

初始爬升率：9.8分钟内升至1850米（6070英尺）

航程：6150千米（3813英里）

实用升限：6000米（19700英尺）

重量：标准装载重量40970千克（90134磅），最大起飞重量44970千克（98934磅）

武器：在2个机背炮塔、机尾位置、两侧机腰位置和机腹吊舱内分别有1门20毫米（0.79英寸）MG 151舰炮，且在吊舱后方还有1门13毫米（0.51英寸）舰炮

外形尺寸：翼展　42.00米（137英尺10英寸）

　　　　　　机长　28.64米（93尺11英寸）

　　　　　　机高　6.83米（22尺5英寸）

　　　　　　机翼面积　203.6平方米（2213平方英尺）

配备BMW 123星形发动机的Ju 90飞
机的动力不足，因而Ju 290飞机改
用1268千瓦（1700马力）的BMW
801D发动机。

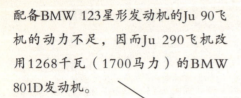

Ju 290是机体庞大的重型飞机，
需要较大的起落架，改进后的Ju
290飞机增加了机翼和机身的尺
寸成为Ju 390时，又增加了2个主
起落架装置。

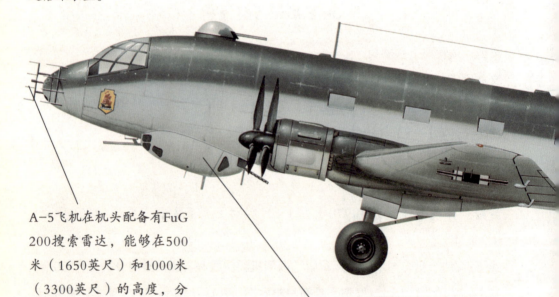

A-5飞机在机头配备有FuG
200搜索雷达，能够在500
米（1650英尺）和1000米
（3300英尺）的高度，分
别探测80千米（50英里）
和100千米（60英里）距离
上的海上舰队。

1门前射MG 151舰炮和1
门后射MG 131舰炮为飞
机脆弱的下部提供防护，
两者都安装在偏向左舷的
机腹舱中。

Ju 290A-5飞机

1944年，德国第5远程侦察大队携带其至多20架飞机从法国的蒙德马桑起飞，不断地进行战斗以完成使用。

动力不足使容克公司重新设计Ju 90飞机，换装动力装置提升性能。Ju 90V4飞机除了换发动机以外还采用了双轮式的起落架和舷梯。

Ju 90V11之后的所有飞机都具有独特的倾斜垂尾，并采用新型舷窗和重新设计的机翼。

所有Ju 290A系列飞机都保留了Trapoklappe舷梯。这是一种通向机身下方的液压动力装卸坡道。可以在飞行时打开实施伞降，也能将飞机顶起来升到一个水平位置以利于在地面上装卸货物。

容克公司的大型巡逻机

汉莎航空公司和南非航空公司分别订购了8架和2架Ju 90飞机，但全部都被纳粹德国空军强行征用。1940年，容克公司开始研制比原来更大的新型Ju 290飞机，以用于运输和海上侦察任务。

由于纳粹德国空军严重缺乏运输能力，Ju 290A-0和A-1运输机一试飞成功便立即投入使用。A-2和A-5机型是海上侦察原型机，希特勒的私人专机选用了A-6。A-7和A-8准备建成装备导弹的反舰飞机。

总共制造了约40架Ju 290飞机，近一半是由勒托夫公司在捷克斯洛伐克制造的。海上侦察机的基地位于法国西南部，可以向德国潜艇提供大西洋中盟国舰队的方位。1945年4月，A-6曾运载逃跑的纳粹将领飞往巴塞罗那，后来服役于西班牙空军直至20世纪50年代中期。Ju 290B、D和E型轰炸机，以及C型运输/侦察机和MS扫雷机，在战争末期均遭遗弃。

左图：Ju 290A-5飞机共制造11架，从而使它成为最普遍的小改型号。这架飞机的机头上可以清晰地看到"霍恩特维尔"雷达天线。

执行多种任务

■Ju 90B-1：在总共制造的10架Ju 290B-1客机中，有2~3架涂装了欺骗性的伊拉克标记，被纳粹德国空军用以向伊拉克运输人员和装备。战前，这些飞机属于汉莎航空公司。

■Ju 290A-5：作为数量最多的衍生机型A-5飞机汲取A-4的作战教训和经验装备了强大的防御武器、装甲防护和油箱。

■Ju 290A-6：到1945年，所有幸存的Ju 290飞机都被第200轰炸机联队用于投送特工和秘密运输任务，包括重要人物专机的A-6飞机也只服役于该联队。

▲ 亨舍尔293和弗里兹X

　　如果能得到更多配备亨舍尔293和弗里兹X导弹还有霍恩特维尔雷达的Ju
290A-7飞机，那么纳粹德国空军也许就会建立起一支强大的反舰航空队。

效果数据

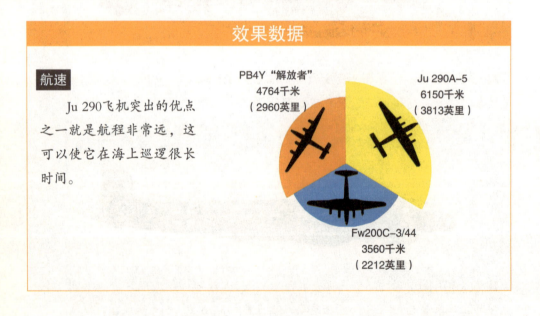

航速

　　Ju 290飞机突出的优点之一就是航程非常远，这可以使它在海上巡逻很长时间。

PB4Y "解放者"
4764千米
（2960英里）

Ju 290A-5
6150千米
（3813英里）

Fw200C-3/44
3560千米
（2212英里）

日本川西（KAWANNISHI）飞机制造公司

H6K "梅维斯（Mavis）"飞机

● 海上侦察机/侦察机　● 航程远　● 运输机

1936年首飞的川西公司"梅维斯"H6K飞机装备4台发动机，它能飞行在广阔的太平洋水域，航程远，续航时间甚至超过24小时。是日本在二战期间最可靠的适合执行远程水上任务的飞机。

川西公司H6K "梅维斯" 飞机

▲ 系列原型机

1936年7月14日首飞的"梅维斯"飞机最初被命名为川西海军试验9式大型水上飞机。由试飞员Katsuji Kondo试飞。

H6K4 "梅维斯" 型档案

◆ 在三年设计工作完成后，原型机采用4台中岛"光"发动机，于1936年首飞。

◆ H6K飞机被认为是1938—1939年中日战争取胜的一个因素。

◆ H6K飞机的总产量达到了215架，其中127架是H6K4型飞机。

◆ H6K4型飞机不仅用于海上巡逻，在1942年荷属东印度群岛战役中作为攻击机使用过。

◆ 运输型飞机安装有邮件、货物和乘客隔舱。

◆ H6K飞机很容易受战斗机攻击。

◀ 攻击武器

H6K飞机能够携带
2枚800千克（1760
磅）的鱼雷或者
在支臂上携带多
达1000千克（2200
磅）的炸弹。

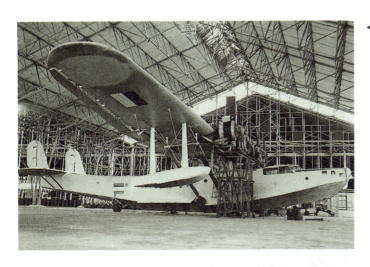

◀ "梅维斯"飞机毫
无疑问是二战期间
最好的水上飞机之
一，但是维修困
难。工程师为了维
修发动机而搭建了
巨大的平台。

▶ 盟军的评价

这是盟军的
技术空情部
队驾驶俘获
的H6K飞机
测试其作战
能力。

▲ 运输型飞机

带有座舱舷窗，拆除了武器安装了卧铺的运输机H6K4-L型飞机的盟军代号是"Tillie"。

▲ 早期生产

4架原型机进行了18个月的飞行和海上试验之后，首架H6K飞机于1938年进入日本海军服役。

川西公司的水上飞机

■E7K "阿尔夫"：1941—1943年，E7水上飞机执行反潜、护航、和侦察巡逻任务，许多飞机用于神风自杀式攻击。

■E8K：1933年设计为水上侦察飞机，但缺乏机动性在招标中输给了中岛E8N1双翼飞机。

■E15K "紫云"（罗姆）：只建造了15架的"紫云"因浮舟体装置一再失败而悄然消失。

■N1K "强风"（雷克斯）：不断拖延的水陆两用型N1K飞机最终只生产了97架。

最终生产型的"梅维斯"采用
Kinsei 51或53星形发动机驱动。
它拥有224千瓦（300马力）的动
力，比早期机型动力大。

紧靠驾驶舱的炮塔配备一挺7.7
毫米（0.303英寸口径）机枪，
可以保护上方或顶部。

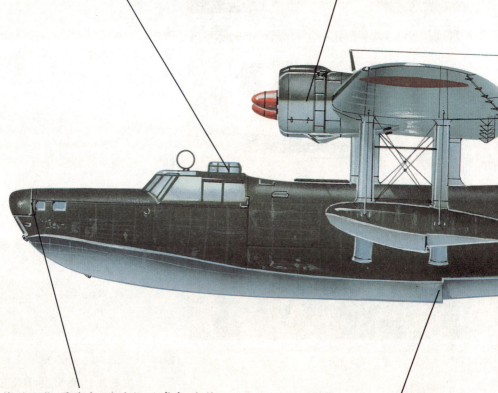

"梅维斯"早期机型的敞开式机头位
置处安装有一挺7.7毫米（0.303英寸
口径）手控式92型机枪。H6K5型取消
了，但保留了观察窗。

在首次试飞后，机体的前阶部分
向后移了50厘米（20英寸）。从
此，H6K飞机成为二战水上飞机
中最好之一。

H6K5 "梅维斯"飞机

最终生产型的H6K5飞机安装有大功率的发动机和改进的武器装备，喷有标准的日本海军涂装。

攻击性武器安装在支撑支臂的平行翼上，包括炸弹或2枚鱼雷。机身两侧最大宽度处的固定枪座上各有一挺7.7毫米（0.303英寸口径）92型机枪。

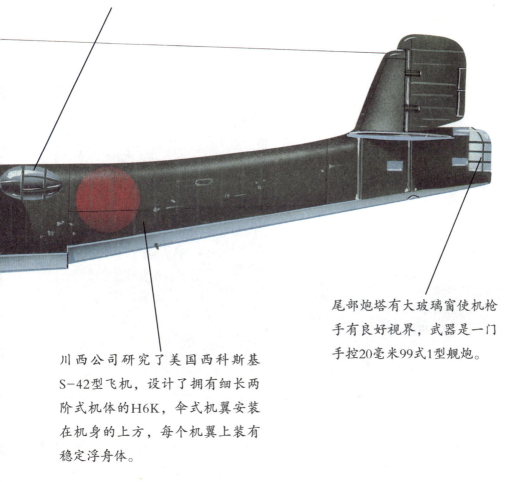

尾部炮塔有大玻璃窗使机枪手有良好视界，武器是一门手控20毫米99式1型舰炮。

川西公司研究了美国西科斯基S-42型飞机，设计了拥有细长两阶式机体的H6K，伞式机翼安装在机身的上方，每个机翼上装有稳定浮身体。

为海军舰队进行侦察

"梅维斯"飞机最初生产型号为H6K2型，它在后方机身顶部安装有一个动力炮塔，在飞机前部和尾部还装有人工操纵的机枪。1939年向日本海军交付了10架，作为运输机使用。前方机身的两侧具有两个枪炮座的H6K4型飞机是主要的型号，珍珠港事件爆发时，有66架H6K4在服役。1942年早期它被广泛用于轰炸和海上巡逻。

1942年的H6K5型飞机安装了969.4千瓦（1300马力）的发动机很容易受盟军战斗机的攻击，战时最快的水上飞机替代H6K的K8K已经投产了。

1943年停产前，H6K共建造了215架。日本航空公司的18架运输飞机一直使用到1945年。一些幸存的飞机在战后独立战争和内战中被印度尼西亚空军使用。

上图：H6K5型飞机是最后的海上侦察型飞机。该型飞机安装有大功率的三菱Kinsei 53星形发动机，且在驾驶舱后方的炮塔内安装有一挺7.7毫米（0.303英寸口径）机枪。

上图：随着盟军战斗机在太平洋战争期间的不断改进，笨拙的H6K飞机就更容易成为被攻击的目标。这架飞机于1944年被美国海军预备队第VB-109中队的约翰·D.季林中尉击落。

H6K4"梅维斯"飞机

类型： 远程侦察、轰炸机或水上运输机

发动机： 4台745.7千瓦（1000马力）的三菱Kinsei 43型14缸星形发动机

最大航速： 在4000米（13125英尺）高度时为340千米/小时（211英里/小时）

爬升率： 13分31秒爬升5000米（16400英尺）

航程： 6080千米（3778英里）

实用升限： 9610米（31500英尺）

重量： 最大起飞重量21545千克（47499磅）

武器： 4挺7.7毫米（0.303英寸口径）机枪（分别装配在飞机前端、背部和机身两侧）和1门20毫米尾部航炮，2枚800千克（1760磅）鱼雷或1000千克（2200磅）炸弹

外形尺寸： 翼展　40.00米（131英尺3英寸）

　　　　　　机长　25.63米（84英尺1英寸）

　　　　　　机高　6.27米（20英尺7英寸）

　　　　　　机翼面积　170平方米（1829平方英尺）

效果数据

航程

　　所有3种型号的飞机都有着其令人印象非常深刻的航程和续航时间。为了覆盖太平洋辽阔的区域，远距离的航程显得特别重要。H6K能在空中停留24小时，而机组人员的疲劳不是飞机的航程，往往是续航时长的限制因素。

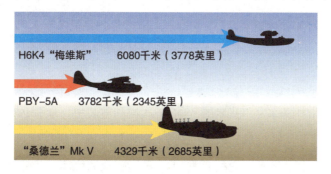

H6K4"梅维斯"　　6080千米（3778英里）

PBY-5A　　3782千米（2345英里）

"桑德兰"Mk V　　4329千米（2685英里）

日本川西（KAWANNISHI）飞机制造公司

H8K"艾米丽（Emily）"飞机

● 远程水上飞机　　● 海上巡逻轰炸机

　　在盟军报告中被称为"艾米丽"的川西公司H8K水上飞机，是二战期间最著名和最先进的水上飞机。它配有重型武器和重装甲，航程远，飞行稳定。但这种复杂的飞机仅生产了167架。该机没能完全取代H6K"梅维斯"飞机。

川西公司H8K "艾米丽" 飞机

▲ H8K飞机与英国的"桑德兰"飞机在布局和执行任务方面很相似。"桑德兰"更加出名，但日本飞机性能更好，而且远远好于H6K。

▲ 漂浮试验

H8K飞机最初的试验表明它在水面上操纵并不理想，但其他方面的性能却非常好，因而定购投产。

▲ 被攻击

1944年这架"艾米丽"飞机在西班牙上空被一架A-26战斗机攻击。左发动机起火后紧急迫降。

▲ 运输

H8K飞机安装了三菱MK4Q发动机，并减少了武器配备后可转为执行运输任务，它可以运送64名乘客。

▲ 大功率

H8K相对H6K飞机安装了新的发动机，其最高速度明显提高，起飞距离缩短而更加容易。

◀ **危险的战机**

配备了20毫米航炮的重武器后，"艾米丽"成为很危险的对手，甚至被击中后也是。

H8K2 "艾米丽" 飞机

类型：远程海上侦察飞机

发动机：4台1380千瓦（1850马力）三菱"火星"22型14缸星形活塞发动机

最大航速：467千米/小时（290英里/小时）

航程：7180千米（4461英里）

实用升限：8760米（28740英尺）

重量：空机重18380千克（40520磅）；满载重量32500千克（71650磅）

武器：在机首、机背和机尾炮塔及机身两侧各有一门20毫米（0.79英寸）航炮；4挺从两侧舷窗内射击的机枪；2000千克（4400磅）炸弹或2枚800千克（1760磅）鱼雷

外形尺寸：翼展　38.00米（124英尺8英寸）

　　　　　　机长　28.13米（92英尺3英寸）

　　　　　　机高　9.15米（30英尺）

　　　　　　机翼面积　106平方米（1141平方英尺）

与许多日本的飞机不同，H8K飞机为机组人员提供了极好的装甲防护。

原型机都装有三菱"火星"MK4A发动机驱动，后期的飞机装有1380千瓦（1850马力）的MK4Q型发动机。

机翼的结构为全金属式，有金属蒙皮。为了增加远程巡逻的稳定性，机翼还有很小的反角。

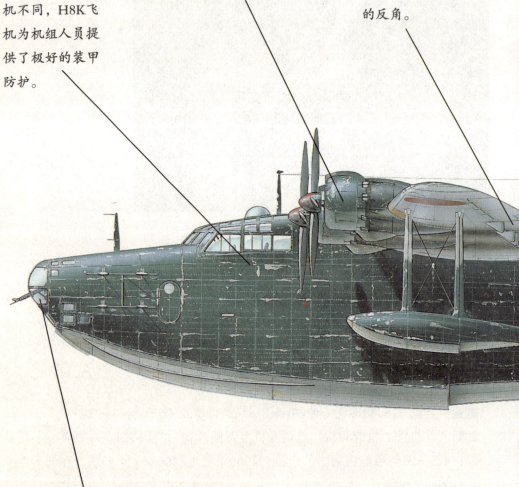

机鼻处的机枪手操作一门20毫米（0.79英寸）航炮，H8K运输机上仍配有航炮。

H8K2型是"艾米丽"的主要生产型号，1942—1944年共生产了112架。

背部的炮塔为电动式，安装一门20毫米（0.79英寸）航炮。

H8K飞机通常有10人机组，宽敞的机身最多能容纳64人。

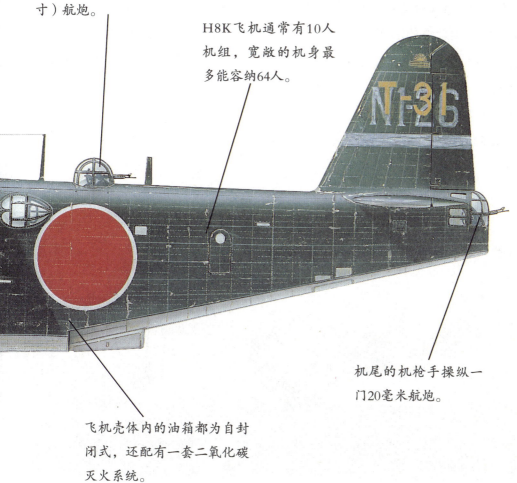

机尾的机枪手操纵一门20毫米航炮。

飞机壳体内的油箱都为自封闭式，还配有一套二氧化碳灭火系统。

移动的飞行堡垒

为了在所有方面都超过当时世界上最好的英国"桑德兰"水上飞机，日本人在1938年开始设计这种4发动机的水上侦察机。H8K原型机于1941年首飞，最初试验中较差的水面操控性经改进后，就以海军"2"式大艇11型名义投入生产。H8K有装甲防护、自封闭式油箱和20毫米航炮，其最大速度超过430千米/小时（270英里/小时），比日本以前所有水上飞机都先进得多。

进一步改进的H8K2型飞机的动力更强、速度更快，武器配备也增加到5门20毫米航炮和4挺7.7毫米（0.303英寸口径）机枪。这使它成为盟军在太平洋所面对的最强硬的对手，H8K还装备了反水面舰船雷达，战争后期对美国潜艇造成了一定的麻烦。

上图：随着日本的势力范围向太平洋延伸出数千公里，日本迫切需要性能强大装备优良的水上飞机。而当美国的海上霸权开始切断日本的海上航线时，日本就更需要这些飞机。

H8K "艾米丽"型档案

◆ 1941年，H8K原型机进行了首飞。

◆ H8K执行的第一次作战任务是在 1942年。有2架H8K从威克岛起飞 去轰炸珍珠港。

◆ 生产了一架装有可收放式浮舟体 和炮塔的H8K试验型飞机。

◆ 1945年，装有雷达的H8K飞机在 菲律宾北部击沉了三艘美国潜 艇。

◆ 改装成贵宾运输机的H8K飞机可 以非常舒适地运送29位客人。

◆ "艾米丽"飞机比任何其他战时 作战的水上飞机飞得都远。

左图：在装备了 雷达之后，"艾 米丽"飞机成为 那些扼守日本的 海上运输生命 线的美国海军潜 艇的严重威胁之 一。

海洋中的巨型飞机

■肖特"桑德兰"：英国的飞机比"艾米丽"外形稍小、速度稍慢，却承担相类似的任务，有着极好的作战纪录。

■布洛姆-福斯BV 222 "维京"：巨大的六引擎水上飞机携带巨大的载荷量在北极圈至地中海的广大区域内服役，很容易受盟军战斗机攻击。

■马丁JRM "战神"：1938年订购，但是只生产了5架，这种美国海军最大水上飞机在战后都被用作远程货运机。

■联合PBY "卡特莱纳"：非常可靠但速度缓慢，美国海军将它作为一种远程巡逻机、44座运输机和救护机使用。

■拉特克埃631：这种造型优雅的水上飞机在被占领的法国完成，立即被德国征用。战后在大西洋的客运航线上飞行。

效果数据

巡航速度

　　水上飞机都不具备流线型机身，而真正的重型飞机速度也不是很快。H8K飞机胜过了英国的"桑德兰"水上飞机，这两种水上飞机的巡航速度都比巨大的德国BV 222飞机要快些。

H8K"艾米丽"　　295千米/小时（183英里/小时）

"桑德兰"　　285千米/小时（177英里/小时）

BV 222"维京"　　250千米/小时（155英里/小时）

航程

　　海上侦察要求飞机必须长时间地停留在空中。H8K飞机是用来在广阔的太平洋上空作战的，因此与其竞争对手相比，它有相当远的航程。它有24小时续航时长，唯一的限制因素就是其机组人员的疲劳度。

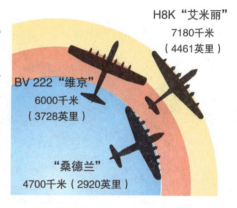

H8K"艾米丽"
7180千米
（4461英里）

BV 222"维京"
6000千米
（3728英里）

"桑德兰"
4700千米（2920英里）

防御性武器

　　"桑德兰"水上飞机在空战中并不是一个容易对付的目标，纳粹德国空军为它所取的俚称为"飞行的豪猪"。但是英国飞机的武器与H8K飞机相比就逊色多了。当一名美国飞行员驾机接近"艾米丽"飞机时，他要鼓起极大的勇气才行，这是因为"艾米丽"飞机具有强大的全方位的20毫米航炮武器配备。

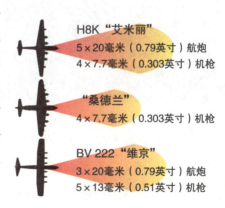

H8K"艾米丽"
5×20毫米（0.79英寸）航炮
4×7.7毫米（0.303英寸）机枪

"桑德兰"
4×7.7毫米（0.303英寸）机枪

BV 222"维京"
3×20毫米（0.79英寸）航炮
5×13毫米（0.51英寸）机枪

日本川崎（KAWASAKI）飞机制造公司

Ki "飞燕（托尼）（Hien 'Tony'）" 飞机

● 单座战斗机　● 液冷发动机　● 共生产3000多架

作为第二次世界大战中外形优美的战斗机之一，川崎Ki-61 "飞燕" 飞机最初是在德国工程师的指导下进行研制的。它装备了戴姆勒–奔驰DB 601A直列活塞发动机。日本在原生产商的许可下生产这种发动机，命名为川崎Ha-40。

"飞燕" 飞机从1942年开始装备太平洋部队，一直服役到1945年日本战败。

川崎公司Ki-61 "飞燕（托尼）" 飞机

▲ 改进型Ki-61-II

改换了大马力的发动机重新设计了机身，最初令人担忧的Ki-61-II型飞机最终
于1944年开始投产。

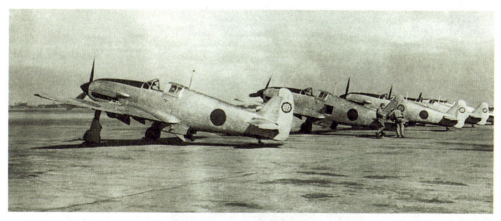

▲ 训练学校的 "飞燕" 飞机

明野战斗机训练学校机场上的Ki-61-Ias飞机。有些Ki-61-Ias飞机装备有2门20
毫米（0.79英寸）航炮。

◀ 缴获的"飞燕"

这架Ki-61飞机是许多落入中国国民党军队手中的日本飞机之一。

◀ 在P-51"野马"参加太平洋战争以前，Ki-61"飞燕"没有遇到真正的挑战。那时这种高性能的日本飞机给盟军飞行员造成了重大伤亡。

◀ 三叶片式螺旋桨

与Bf109飞机相同，Ki-61-1和Ki-61-II型飞机都配备三叶片式恒速螺旋桨。

▲ 本州防御部队

多数Ki-61飞机在日本本州服役，其余在新几内亚、腊包尔和菲律宾作战。

▶ 伪装方案

Ki-61飞机都采用各种伪装图案和高清晰度的部队标志。

Ki-61-I KAIc "飞燕（托尼）" 飞机

◆ 在1945年停产之前，川崎Ki-61 "托尼" 战斗机共生产了3078架。

◆ Ki-61原型机于1941年12月制造完成。

◆ 1944年7月，Ki-61-I型KAIc飞机在工厂的生产达到最高峰，每月能生产254架飞机。

◆ 在发动机工厂遭轰炸后，开始研制配备星形发动机的Ki-100飞机。

◆ 虽然有几个衍生机型的方案，但无一投产。

◆ 有1架改进Ki-61-III样机制造完成，但Ki-100机型却投产。

川崎Ki-61-I KAIc "飞燕（托尼）"飞机

1944—1945年，该机服役于以东京的长富机场为基地的第244战队总部。到第二次世界大战结束时，共有13个战队装备了Ki-61-I型飞机，主要是用于日本本土的防御。

早期的梅塞施米特Bf 109战斗机装备的戴姆勒-奔驰DB 601反V型12缸液冷发动机，经许可由川崎公司生产，改称Ha-40发动机。首架Ki-61飞机于1941年年中参战。

Ki-61飞机的螺旋桨毂内没有装备机枪，但在机头上方装备了2挺机枪，并穿过螺旋桨进行射击。

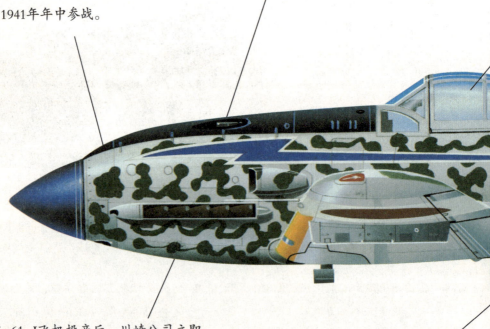

在Ki-61-I飞机投产后，川崎公司立即开始研制装备1118千瓦（1500马力）Ha-140发动机的更强大的Ki-61-II型飞机，Ha-140是Ha-40的改进型但机轴易于破损。

与P-51"野马"飞机的配置方式类似，液冷散热器位于主机翼下方。

Ki-61-II型飞机对机身进行了改进，其中包括重新设计驾驶舱盖和增大机翼，以增强高空机动性。但测试飞行中暴露出操纵问题。

"飞燕"的油箱位于驾驶舱后方，可携带165升（44加仑）燃油，在每侧机翼下方各装有1台200升（53加仑）的副油箱。

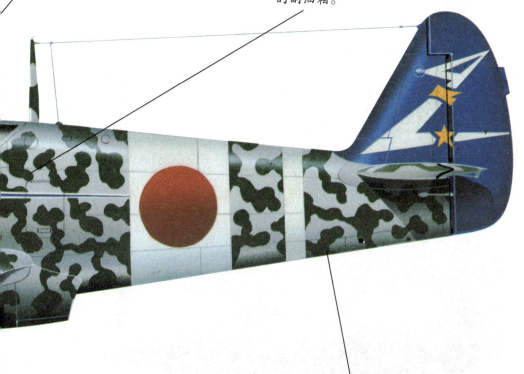

为了降低阻力，最早的Ki-61飞机配备有可收放的尾轮。在后来的机型中，为了简化生产而安装了一个固定式的尾轮。

日本唯一的直列式发动机战斗机

太平洋美军经常报告说遭遇了日本人驾驶的梅塞施米特Bf 109战斗机。事实上，日本在战争中从未使用过德国飞机。报告中的飞机其实是川崎Ki-61 "飞燕"战斗机，盟军称之为"托尼"。"飞燕"是日本设计的优秀战斗机，它配备了日本制造的戴姆勒-奔驰发动机。而梅塞施米特飞机也采用相同的发动机。

作为一种简洁干净、流线型、快速和高机动性的飞机，Ki-61是二战期间进入日本空军服役的唯一液冷战斗机。"飞燕"飞机在对盟军的作战中取得了许多空战的胜利。它还在装甲防护和自动密封油箱方面处于领先地位，这些功能在欧洲战场上已经被证明是非常有效的。

但是，使"飞燕"大获成功的发动机也是它的最大弱点，根据许可生产的载姆勒DB 601A发动机不具备进一步开发的潜力。日本曾试图采用Ha-140发动机将Ki-61改进成Ki-61-II，但各种问题延迟了装备。尽管"飞燕"飞机在战争中具有重要作用，但它从未达到像A6M "零"式战斗机那样的声望。

上图：早期生产的"飞燕"飞机针对一架缴获美军的P-40E和一架进口的Bf 109E飞机进行了模拟对抗。Ki-61飞机的表现最为出色。

上图：Ki-61-I飞机的实用升限不如美国的B-29，也比不上P-51。

Ki-61-I KAIc "飞燕（托尼）"飞机

类型： 单座战斗机

发动机： 1台880千瓦（1180马力）川崎Ha-40反V形活塞发动机

最大航速： 在4260米（14000英尺）高度时为590千米/小时（366英里/小时）

爬升率： 7分钟上升至5000米（16400英尺）

航程： 580千米（360英里）

实用升限： 10000米（33000英尺）

重量： 空机重2630千克（5786磅）；最大起飞重量3470千克（7634磅）

武器： 机头装有2门20毫米（0.79英寸）Ho-5航炮，另有1挺12.7毫米（0.50英寸口径）1式机枪（Ho-103）

外形尺寸： 翼展　12米（39英尺4英寸）

机长　8.94米（29英尺4英寸）

机高　3.7米（12英尺2英寸）

机翼面积　20平方米（215平方英尺）

日本采用直列式发动机的军用飞机

■爱知M6A：当战争于1945年结束时，原计划用作潜艇攻击机的M6A飞机几乎马上就可以投入使用了。

■川崎Ki-32：作为配备液冷发动机的最后一种日本陆军轰炸机，Ki-32飞机参加了对香港的轰炸。

■川崎Ki-60：川崎公司接到一项错误的命令，为许可制造的DB 601发动机设计两种机型，于是有了Ki-60重型战斗机，但最后只生产了3架。

■横须贺D4Y"彗星"：因为速度太慢，"彗星"双座俯冲轰炸机最初只作为侦察机使用。

效果数据

最大航速

1943年，对盟军战斗机构成了严重挑战的Ki-61是一种高性能飞机。但在战争后期，P-51和P-38的性能远远超过了"飞燕"。如果Ki-61-II的发展非常顺利，战局也许会扭转。

Ki-61-IKAIc "飞燕"　590千米/小时（366英里/小时）

P-51D "野马"　716千米/小时（437英里/小时）

P-38J "闪电"　666千米/小时（413英里/小时）

武器

在战斗机配备的武器方面日本借鉴了德国的先进经验，在Ki-61上装备了20毫米（0.79英寸）航炮。美国的"闪电"战斗机则在其原有的4挺机枪基础上又增加了1门航炮，但是总的来说美国陆军航空队为飞机装备航炮的行动相当迟缓。

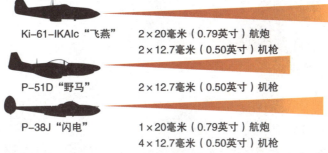

Ki-61-IKAIc "飞燕"　　2×20毫米（0.79英寸）航炮
2×12.7毫米（0.50英寸）机枪

P-51D "野马"　　2×12.7毫米（0.50英寸）机枪

P-38J "闪电"　　1×20毫米（0.79英寸）航炮
4×12.7毫米（0.50英寸）机枪

航程

如果没有副油箱，Ki-61-I KAIc "飞燕"飞机的航程要远远小于当时的美国飞机。副油箱可以增大"飞燕"的航程，却将最大航速降低了80千米/小时（50英里/小时）。

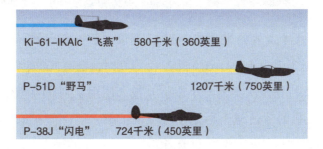

Ki-61-IKAIc "飞燕"　580千米（360英里）

P-51D "野马"　1207千米（750英里）

P-38J "闪电"　724千米（450英里）

苏联拉沃契金（LAVOCHKIN）设计局

LaGG-3飞机

● 木质战斗机 ● 共生产6000多架 ● 苏联早期的防御飞机

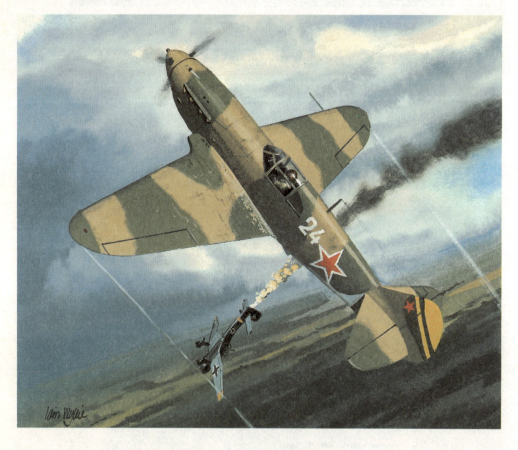

在第二次世界大战的进程中，新成立的设计局设计出了LaGG-3飞机，并很快投产。该机是拉沃契金设计局最初的LaGG-1飞机的改进型。尽管存在许多缺点，但是对新型战斗机的紧急需求，意味着当德国于1941年6月入侵苏联时，已有300架左右的LaGG-3飞机投入使用。到1年后停产时，又生产了6000架。

拉沃契金设计局LaGG-3飞机

◀ **早期的拉沃契金飞机**

LaGG-3飞机在生产中不断对基本型进行改进，后来的飞机配备了可收放式尾轮和重型武器。

▲ **LaGG-3飞机的飞行**

关于LaGG-3飞机的飞行性能的报道不尽相同。有些报道说它对于驾驶员也是很危险的。

◀ 因为在纳粹德国空军猛烈攻击的初期，LaGG-3飞机取得了不错的战绩。但是战斗机的设计仍有疑问。

▲ **芬兰的LaGG飞机**

在第二次世界大战中，这架印有芬兰标志的LaGG-3飞机可能是在芬兰迫降后被俘获的。

▲ 在海外的LaGG飞机

　　另有1架被俘的LaGG飞机印有日本标志。日本和苏联有着长期的军事冲突。

▲ 在芬兰的LaGG-3

　　这架LaGG-3飞机没有机翼前缘辅助翼，属早期生产型。

LaGG-3飞机

这架LaGG-3飞机隶属红旗波罗的海舰队海军航空兵（VVS KBF）的一个独立航空团（IAP）。1942年3月，它在芬兰上空被击落。

LaGG-3飞机的武器配备根据任务不同而区别较大。通常，LaGG-3飞机装备有1挺ShVAK航炮（备弹120发），并穿过螺旋桨毂射击，发动机上方装备有2挺12.7毫米（0.50英寸）口径BS机枪（各备弹220发）。

Hucks起动装置通过螺旋桨整流罩中的转动轴来起动发动机。

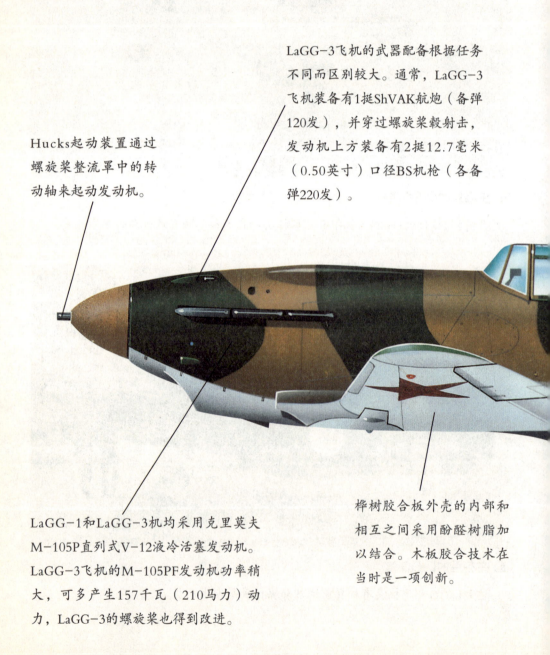

LaGG-1和LaGG-3机均采用克里莫夫M-105P直列式V-12液冷活塞发动机。LaGG-3飞机的M-105PF发动机功率稍大，可多产生157千瓦（210马力）动力，LaGG-3的螺旋桨也得到改进。

桦树胶合板外壳的内部和相互之间采用酚醛树脂加以结合。木板胶合技术在当时是一项创新。

LaGG-1和LaGG-3
飞机的武器落后，
飞行时很难控制。
苏联空军流行的
笑话说，LaGG实
际上是lakirovannii
garantirovannii
grob，俄语的意思
是"保证消失的棺
材"。

拉沃契金在后续机型
中保留了LaGG-3飞
机设计中的最优特
点。La-5和La-7的
机尾和机翼表面主要
都继承了早期的战斗
机的设计。

LaGG-3飞机结构中没有采用木
质的部件，是由覆盖织物的轻
型合金制成的操纵面，襟翼为
坚固而耐用设计，采用了全金
属制造。

LaGG-3飞机几乎全为木
制。胶合板对角条与内
部木质结构粘合。这在
当时的单翼战斗机中，
不采用金属承力表层式
构造是非常罕见的。

苏联长期服役的过渡型飞机

　　木质的LaGG-1的原型机I-22于1939年3月首飞，机头装备1门23毫米（0.9英寸）航炮和2挺12.7毫米（0.5英寸口径）机枪。它的性能、航程和机动性飞行时有时都难以控制。

　　但军方急需一种新型战斗机，LaGG-1减轻了武器装备，改进了控制系统，增加了副油箱，称为LaGG-3。但动力仍然不足，驾驶舱视界极差。

　　多数装备LaGG-1和3型飞机的部队都遭受严重损失。迫于战争的压力，计划中的改进措施实际上没有得到落实。相反，LaGG-1飞机经常装备更为重型的武器，而LaGG-3飞机也常常用于近距离支援。

　　当时有3架飞机装备了37毫米（1.47英寸）航炮，另有1架配备了1台1230千克的M-10A发动机。这些临时的改装直到安装了M82气冷星形发动机，生产了La-5型飞机之后，最终拉沃契金的设计才成为有价值的战斗机。

上图：在采用更先进的苏制战斗机之前，苏军严重依赖LaGG-3飞机，它常常用于攻击优势明显的敌军战斗机。

LaGG-3飞机

- 拉沃契金、戈博诺夫和古德科夫3位设计师使用各自名字的首字母，命名了LaGG飞机。
- LaGG-1和LaGG-3飞机均为木制。
- LaGG-3飞机旨在作为一种暂时制造，却总共生产了6528架。
- LaGG-1飞机的I-22原型机后来被改进成为LaGG-3的I-301原型机。
- LaGG-3后期的机型能够携带副油箱。
- 拉沃契金设计局以LaGG-3衍生机型装了M-82发动机，研制了La-5型飞机。

LaGG-3飞机

类型：单座战斗机

发动机：1台925千瓦（1240马力）的克里莫夫M-105PF-1液冷V-12发动机

最大航速：在5000米（16400英尺）高度时为560千米/小时（348英里/小时）

爬升率：5.85分钟上升至5000米（16400英尺）

航程：650千米（404英里）

实用升限：9600米（31500英尺）

重量：空机重2620千克（5776磅）；最大起飞重量3280千克（7231磅）

武器：1门20毫米（0.79英寸）航炮，2挺12.7毫米（0.50英寸口径）机枪，6枚82毫米（3.2英寸）火箭弹或2枚100千克（220磅）炸弹

外形尺寸：翼展　9.8米（32英尺2英寸）

机长　8.9米（29英尺2英寸）

机高　3.3米（10英尺10英寸）

机翼面积　17.5平方米（188平方英尺）

第二次世界大战中苏联的单翼战斗机

■拉沃契金La-7：配备了星形发动机的LaGG-3飞机，改造出非常成功的La-7战斗机。

■拉沃契金La-9：参战较晚，但极具特点。有几架一直服役到战后。

■米高格-格鲁维奇MiG-3：尽管是早期Mig-1飞机的改进型，但它仍不是纳粹德国空军战斗机的对手。

■波利夫尔波夫I-16：约有4000架I-16参加了对纳粹德国空军的作战。由于陈旧不堪，它通常参加那些大规模有充分准备的攻击。

效果数据

最大航速

西班牙内战的丰富作战经验和航空技术的不断发展，使得梅塞施米特Bf 109E-7的性能优于同期的多数战斗机。

LaGG-3　560千米/小时（348英里/小时）

Bf 109E-7　　578千米/小时（358英里/小时）

"飓风"Mk IA　515千米/小时（319英里/小时）

武器

尽管"飓风"Mk IA型飞机缺乏像对手那样强大的航炮，但8挺性能可靠的机枪可以给敌人毁灭性的打击，这也是飞机武器设计方面的革命。而LaGG-3的武器经常不同，甚至是同一部队的飞机也不尽相同。

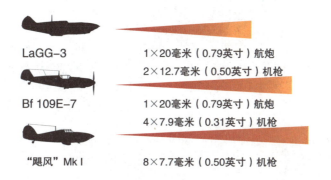

LaGG-3　　1×20毫米（0.79英寸）航炮
2×12.7毫米（0.50英寸）机枪

Bf 109E-7　　1×20毫米（0.79英寸）航炮
4×7.9毫米（0.31英寸）机枪

"飓风"Mk I　　8×7.7毫米（0.50英寸）机枪

动力

虽然LaGG-3飞机配备了强大的发动机，但爬升速度很慢，通常比不上其他苏联战斗机。相比之下，纳粹德国空军战斗机具有更大的优势。

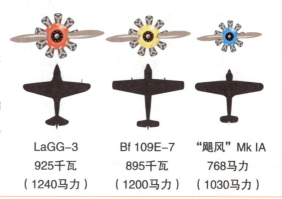

LaGG-3
925千瓦
（1240马力）

Bf 109E-7
895千瓦
（1200马力）

"飓风"Mk IA
768马力
（1030马力）

苏联拉沃契金（LAVOCHKIN）设计局

La-5和La-7型飞机

- 苏联空中格斗飞机　● 木质构造　● 王牌飞行员驾驶

　　第二次世界大战中最好的战斗机之一La-5在令人失望的LaGG-3基础发展。虽然仍有木质构造，但配备了星形发动机的La-5及其后续者都是最好的空中格斗战斗机，伊万·阔日杜布等优秀苏军驾驶员驾驶着La-5打击敌人，被誉为盟军"王牌飞行员中的王牌"。

拉沃契金设计局La-5和La-7飞机

◀ 迫降

当出现像这样的小事故后，拉沃契金飞机的基本结构易于维修。

La-5FN飞机

类型： 截击战斗机

发动机： 1台1231千瓦（1650马力）的史维佐夫M-82FN（ASh-82FN）星形活塞发动机

最大航速： 650千米/小时（403英里/小时）

爬升速度： 5分钟上升至5000米（16400英尺）

航程： 765千米（475英里）

实用升限： 11000米（36000英尺）

重量： 空机重2605千克（5737磅）；满载后重3360千克（7408磅）

武器： 2或3门20毫米（0.79英寸）ShVAK航炮或23毫米（0.9毫米）航炮，外加158千克（350磅）炸弹或翼下4枚82毫米（3英寸）火箭弹

外形尺寸： 翼展　9.8米（32英尺）；机长　8.67米（28英尺）

机高　2.54米（8英尺）；机翼面积　17.59平方米（189平方英尺）

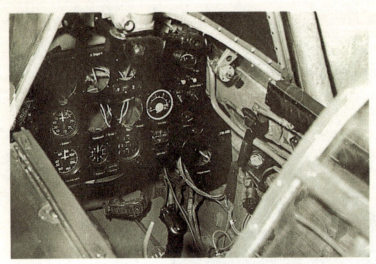

◀ **简易的驾驶舱**

"Lavochka"是基本型，做工比较粗糙。它没有驾驶舱供暖系统，仪表和无线电系统质量也较差，但La-5的操纵性良好。

◀ **严阵以待**

La-5飞机制造简单而粗糙。其结构主要为木制，而不是稀有的轻型飞机合金。

◀ **在地面**

La-5飞机在空中性能很好，但降落通常弹跳不定，非常耗时。

◀ 战术隐匿处

1944年，随着苏联的快速推进，La-5飞机通常要在偏远的地域建立基地，因此需要隐藏好飞机。

◀ La-5飞机给其驾驶员们以信心。红军空军第1战斗机团的帕沃尔·考思菲尔德为其战斗机取名为"雷内"（信心）。

◀ 坚固的星形发动机

La-5飞机优质的星形发动机和木质胶合结构很适合东线战场的环境，而那些配备了需要小心操作的液冷发动机的复杂飞机如英国提供的"喷火"式战斗机则不很适用。

La-5FN飞机

这架轻型La-5飞机由苏联英雄P.J.林克赫列托夫驾驶。1944年，他共击落25架敌机。

2门20毫米（0.79英寸）航炮安装在发动机的上方，并穿过螺旋桨射击。

拉沃契金系列机型取得的成功，主要是因为它配备了前所未有的大型发动机。后续型La-7飞机的施维佐夫星形发动机的功率为1500千瓦（2000马力）。这些发动机在2000米（6560英尺）左右的高度上能够发挥最佳性能。

在每个机翼内都装有5只自动密封油箱。2只外部油箱通常是空的，因为加油后的重量会限制飞机的机动性。

机翼基本上是由桦木制成，纹
理交叉相互以树脂胶合，并以
胶合板覆盖。由于机翼载荷较
低，飞机转弯的速度特别快。

多数La-5飞机的表面为棕绿色图
案，但冬季也采用白色。有时，
机上印有醒目的红星和西里尔字
母书写的标语。

La-5飞机的控制面为织物
覆盖的轻型合金结构，配
备了大型副翼。

这架飞机上的标语
的含义是"为了瓦
塞克和佐拉"。

可收放式尾轮经
常不够稳定。

蒙以织物合金结构的升
降舵和方向舵是仅有的
金属部件。

东线的木质战斗机

前线告急，苏联空军急需新型战斗机。1941年10月，萨米扬·拉沃契金开始设计重型LaGG-3战斗机的改进型La-5。它配备有1台强大的星形发动机，削减了机身后部，并于1942年7月开始投产。到了年底，共生产1000多架。

1942年的斯大林格勒战役中，La-5飞机首次大规模使用。此次战役以及第2年的库尔斯克战役证明了La-5在低空是出色的空中格斗战机。1943年La-5FN飞机问世，其驾驶员多为苏联王牌飞行员。

1944年的La-7飞机动力更加强大，较小的改进后，成为战时最出色的战斗机之一。

左图：La-5飞机的低速操纵性能极好。如图所示，机翼前端的自动辅助翼正处于工作之中。

La-5飞机档案

◆ La-5在库尔斯克战役中取得成功。

◆ 总计约生产了12000架配有星形发动机的拉沃契金战斗机。

◆ La-11是最后一种配备活塞发动机的拉沃契金战斗机，在苏军服役到1960年。

◆ La-5FN型飞机由苏军最优秀的王牌飞行员驾驶。其中伊万·阔日杜共击落纳粹德国空军62架飞机。

◆ La-5飞机的机翼由薄木板胶合而成。

◆ 捷克志愿军驾驶员驾驶La-5战斗机与苏联红军空军并肩作战。

拉沃契金飞机的发展

■**LaGG-3**：由拉沃契金、戈博诺夫和古德科夫3位设计师于1940设计。LaGG飞机的速度快，灵敏性好，但爬升速度较慢。驾驶员对沉重的控制系统不满意。

■**拉沃契金La-5**：为LaGG-3配备了动力更好的星形发动机，虽然增加了重量，但同时增加的动力使La-5飞机提升了50千米/小时（30英里/小时）的速度。

■**拉沃契金La-7**：1944年La-7飞机的动力更强而阻力减小，最大航速可达680千米/小时（422英里/小时）。在图中的这架La-7飞机上，伊万·阔日杜布取得了他62次战斗中的最后一次胜利。

效果数据

最大航速

在6000米（20000英尺）高度以下，La-5飞机的飞行速度相比梅塞施米特Bf 109战斗机有较大优势。德国战斗机则在高空更具优势。但东线的空中战斗通常是在低空进行的，所以苏联战斗机并不处下风。

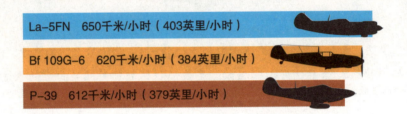

La-5FN　650千米/小时（403英里/小时）

Bf 109G-6　620千米/小时（384英里/小时）

P-39　612千米/小时（379英里/小时）

实用升限

尽管La-5飞机和美国提供的贝尔P-39飞机都具有良好的实用升限，但都不擅长高空作战。P-39飞机和La-5一样通常在低空战斗。驾驶这两种飞机的苏联驾驶员都取得了不错的战绩。

La-5FN
11000米
（36000英尺）

Bf 109G-6
11500米
（37700英尺）

P-39
10700米
（35000英尺）

武器

La-5装备了较轻型的武器，但仍是非常成功的空中格斗战机。P-39飞机装备了较重但射速低的武器，适合对地攻击。梅塞施米特飞机的标准武器时常增加。

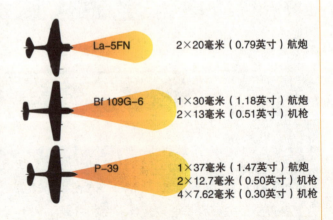

La-5FN　2×20毫米（0.79英寸）航炮

Bf 109G-6　1×30毫米（1.18英寸）航炮
2×13毫米（0.51英寸）机枪

P-39　1×37毫米（1.47英寸）航炮
2×12.7毫米（0.50英寸）机枪
4×7.62毫米（0.30英寸）机枪

意大利马基（MACCHI）飞机公司

M.C.200"闪电（Saetta）"飞机

- 单翼战斗机　● 1939年开始服役　● 战时联盟空军中服役

　　意大利空军的飞机曾在20世纪30年代时拥有航速、飞行高度和航程方面的世界纪录。西班牙内战期间，意大利战斗机和轰炸机的成功，又使得这种无视现实的骄傲更加夸大，于是，不仅意大利空军的飞机性能到二战时已经落后，而且，马基M.C.200飞机在1939年进入服役时就已经过时了。

马基M.C.200 "闪电" 飞机

▲ 1940年防卫罗马

　　这架早期生产的M.C.200飞机隶属于第22联队第371中队,其驻地位于罗马附近的查皮诺。

M.C.200 "闪电" 飞机

类型: 单座战斗机/战斗轰炸机

发动机: 1台649千瓦(870马力)的菲亚特A.74 RC.38星形活塞发动机

最大航速: 在4500米(14800英尺)高度时为502千米/小时(312英里/小时)

航程: 带副油箱时为870千米(541英里)

实用升限: 8900米(29200英尺)

重量: 空机重1895千克(4178磅);最大起飞重量2590千克(5710磅)

武器: 1挺安装在机身上的"布雷达-萨法特"12.7毫米(0.50英寸口径)机枪[后来的飞机在机翼上安装有2挺"布雷达-萨法特"7.7毫米(0.303英寸口径)机枪],外加野战改进的294千克(648磅)炸弹或深水炸弹

外形尺寸: 翼展　　10.58米(34英尺9英寸)

　　　　　　机长　　8.19米(26英尺10英寸)

　　　　　　机高　　3.50米(11英尺6英寸)

　　　　　　机翼面积　　16.80平方米(181平方英尺)

▲ 盟军中服役

在意大利投降之后，南方战时联盟空军获得了23架M.C.200飞机。

▲ 战前的标识

这架"闪电"飞机机尾上的绿、白和红色色带，是意大利于1940年参战之前典型标识。

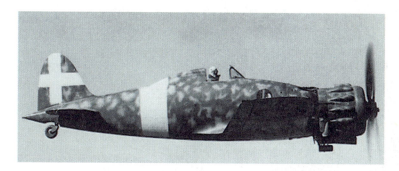

▲ 东线

1941年8月至1942年春，第22联队和后来的第21联队的51架意大利M.C.200飞机在东线作战，主要担负对地攻击任务。

▲ 走下生产线

这是马基公司制造的最早一批M.C.200飞机之一。其全封闭式座舱是一个明显特征。但意大利空军飞行员更喜欢已经习惯的传统敞式座舱。

◀ M.C.200飞机因在北非作战闻名，它结构很坚固，可短距起飞，非常适合沙漠作战。"飓风"和P-40飞机是它的对手。

在北非的战斗机

■柯蒂斯"战斧"：美国
P-40飞机家族成员，北非
英国皇家空军大量使用。
第112中队因其"鲨鱼嘴"
飞机标识而出名。

■菲亚特G.50：采用与
M.C.200飞机相同的菲亚特
星形发动机，外形也非常
相似的战斗轰炸机。

■霍克"飓风"：作为拦
截机逐渐变得过时了，
Mk Ⅳ型飞机安装了40毫米
（1.57英寸）航炮成为轰炸
机和坦克杀手。

■马基M.C.202"雷电"：
1941年在利比亚进入服役
的"雷电"是二战期间在
意大利空军中大量服役的
最好战斗机。

马基公司在其获得施耐德奖杯的飞机
上采用了直列式发动机取得了成功，
却为其新一代的战斗机选择星形发动
机，这很令人惊讶。与菲亚特CR.42
双翼战斗机和G.50双翼战斗机和G.50
单翼机一样，M.C.200飞机采用了菲
亚特14缸A.74星形发动机。

意大利空军的飞行员们不喜欢
M.C.200飞机最初的封闭式座
舱。马基公司将座舱重新设计
成这种半封闭式。但仍不能令
人满意，一些飞行员抛弃了其
侧面的嵌板以提高视界。

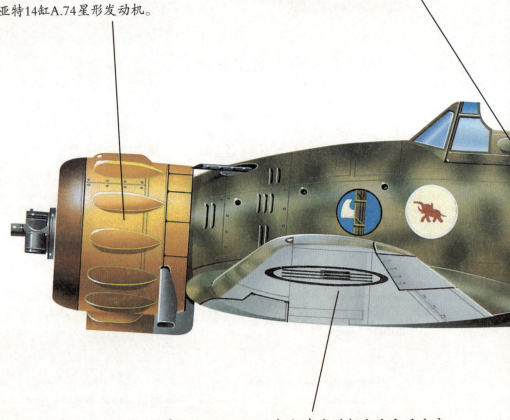

最初，M.C.200飞机仅在发动机上方和后方安
装了2挺12.7毫米（0.50英寸）口径"布雷达–萨
法特"机枪。后来增至4挺，但以当时的标准而
言，武器配备明显不足。

M.C.200 "闪电"飞机

1941年，这架飞机隶属于驻扎在西西里岛的第4联队第10大队第90中队。该中队的徽章为一个红色的大象，通常喷涂在座舱的下方。

第4联队著名的"烈马"徽章被喷涂在所属飞机机身白色部位。意大利空军的飞机是战时装饰最漂亮的飞机。

除了织物覆盖的控制面以外，M.C.200飞机的半单体横造式机身结构和机翼都为全金属式。作战时会在机翼下方安装挂架，以便携带2枚147千克（325磅）炸弹或油箱。因为作为战斗机越来越落后，对地攻击便成了"闪电"的主要任务。

动力不足的"闪电"飞机

1937年12月24日，M.C.200"闪电"首飞。它是悬臂式低翼单翼战斗机，除了织物覆盖的控制面，整机为全金属结构，有一个可收放的尾轮和全封闭座舱，轻型，机动性好。但装备的菲亚特A.74RG38星形发动机只有649千瓦（870马力）的动力，在4500米高度上，最大航速仅有502千米/小时（312英里/小时）。

另外，最初仅有2挺，后又增至4挺机枪也是一大弱点。

20世纪30年代末的战斗机研制继续保持快速发展，产生了诸如Bf 109和"喷火"一类的先进战斗机。这些飞机由直列式液冷发动机动力强大流线机型，速度很快。

"闪电"飞机于1939年10月开始服役，意大利于1940年6月加入二战时共有150架该型飞机，首次作战是在当年的秋天，"闪电"飞机掩护轰炸机对马耳他进行了攻击。随后又在希腊和南斯拉夫进行作战，1941—1942年间，一些"闪电"也在东线作战。"闪电"最广泛的使用是在北非。

M.C.200"闪电"型档案

◆ 盟军所使用的马基M.C.200飞机都当做教练机使用。

◆ 在东线，M.C.200飞机共出动了6300多架次，击落了88架苏联飞机。

◆ 丹麦订购了12架M.C.200飞机，但在德国入侵之后被取消。

◆ 马基公司研制了一种具有新式机身和发动机的衍生机型，即M.C.201飞机，但除了一架原型机之外并没有继续生产。

◆ 装有炸弹挂架的M.C.200战斗轰炸机被命名为M.C.200CB。

◆ 在1940年袭击马耳他期间，M.C.200为纳粹德国空军的Ju 87俯冲轰炸机护航。

上图：M.C.200AS是北非服役的安装了滤尘器的机型。

上图：这架意大利皇家空军的"闪电"飞机，与一架三发动机的意大利轰炸机和一架罗马尼亚生产的IAR.80单翼战斗机停放在一起。M.C.200飞机曾在东线服役，并取得了许多成果。

效果数据

最大航速

M.C.200飞机的速度比其同时代的菲亚特G.50飞机要快，然而仍然属于较慢的飞机，无法与优秀的"喷火"或梅塞施米特Bf 109战斗机对抗。

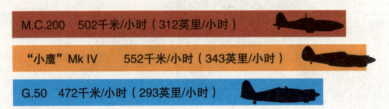

M.C.200　502千米/小时（312英里/小时）

"小鹰" Mk IV　552千米/小时（343英里/小时）

G.50　472千米/小时（293英里/小时）

动力

"闪电"飞机的主要问题就是缺乏动力，菲亚特A.74发动机仅能提供649千瓦的动力，这很难使M.C.200飞机成为一种优秀的战斗机，而且极易受到攻击。同"小鹰"和G.50飞机一样，它更适合作一种战斗轰炸机。

M.C.200
649千瓦（870马力）

"小鹰" Mk IV
895千瓦（1200马力）

G.50
626千瓦（840马力）

武器

这三种飞机都没有其强有力的武器，尽管"小鹰"飞机后期型号装有6挺机枪。缺乏重型武器是"闪电"飞机的大缺点，它和G.50飞机都过时了。

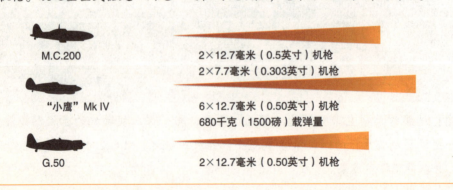

M.C.200

2×12.7毫米（0.5英寸）机枪
2×7.7毫米（0.303英寸）机枪

"小鹰" Mk IV

6×12.7毫米（0.50英寸）机枪
680千克（1500磅）载弹量

G.50

2×12.7毫米（0.50英寸）机枪

意大利马基（MACCHI）飞机公司

M.C.202和M.C.205V飞机

- 意大利最好的空中格斗战机 ● 战斗轰炸机

　　马基公司的M.C.202"雷电"飞机是在M.C.200"闪电"飞机的基础上制造的，却具有更为流线型的漂亮外形和更强劲的动力，是战时轴心国空中最优美的战斗机，大多数马基军用飞机背后的天才人物是具有天赋才能的设计师马里奥·卡斯托蒂。M.C.202"雷电"仓促投产，于1941年参战，是战争中意大利最好的战斗机。

马基公司M.C.202和M.C.205V飞机

▲ **圆滑的线条**

轻型的流线体和简洁的直列发动机，减少武器装备以获得灵活机动性能，这些使得意大利战斗机与苏联早期的米格战斗机有些相似。

◄ 二战前，马基公司生产了一些世界上速度最快的飞机，这个经验被充分用在优秀的战时战斗机上。

▲ 机头触地

    沙漠地区的跑道上制动较为困难，其结果就是螺旋桨折损。

◀ 阿尔法发动机

    阿尔法·罗密欧RA.1000是意大利制造的最好的航空发动机之一。而许多意大利战斗机都缺乏动力。

◀ 飞机内部

M.C.202飞机布置良
好的设备和控制器
的小型座舱较为现代
化。

▼ 坠毁的"猎狗"飞机

这架M.C.205V飞机
在被完全修复多年之
后，于1986年坠毁。
战争中幸存下来的飞
机数量很少，该型飞
机在当今十分罕见。

马基公司战斗机的发展

■M.C.200 **"闪电"**：配有星形发动机，重量轻，非常灵活。意大利空军装备了"闪电"加入战争，当与英国的战斗机"喷火"战斗机对抗时就处于不利地位。

■M.C.202 **"雷电"**："闪电"飞机安装了一台戴姆勒-奔驰DB 601发动机，马基战斗机就转变成一种更有能力的飞机，在非洲作战中赢得了声望。

■M.C.205 **"猎狗"**：动力强大的DB 605发动机确保了马基战斗机具有很强的竞争性。但意大利投降时，因为工业能力差，仅制造了262架"猎狗"飞机。

M.C.202飞机

这架M.C.202"雷电"战斗机属于驻扎在那不勒斯卡波迪基诺的第22大队369中队。白色色带上的麻雀徽章是中队象征，"369"是中队编号。

M.C.202飞机长长的机头意味着它在地面上滑行困难，即使是在空中也给人印象深刻。

装甲板保护着飞行员并不总是意大利战斗机的特征。

M.C.202飞机成功的秘密在于发动机，德国的DB 601发动机，根据授权生产命名为阿尔法RA.1000。采用三桨叶式可变速螺旋桨，散热器位于发动机下方。

机翼的特征是互相连接的襟翼和活动辅助翼。当飞行员控制襟翼向下时，副翼也会下降，从而使飞机低速飞行。襟翼由液压操纵。

机尾装置是一个金属单
体横造式结构，操作面
以织物覆盖，尾轮可收
放。

马基公司的设计显示出竞赛
飞机传统，它采用非常薄的
机翼。航炮武器装备只能装
在M.C.202飞机机翼的下方，
而不是在内部。

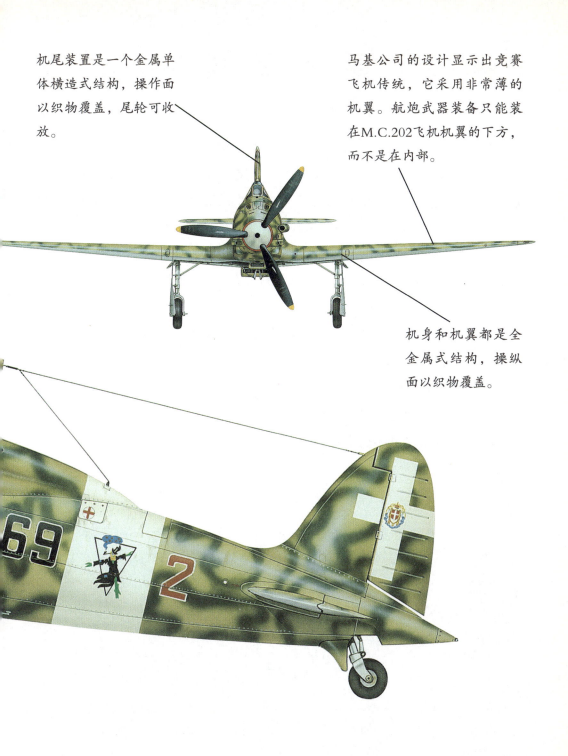

机身和机翼都是全
金属式结构，操纵
面以织物覆盖。

意大利最好的战时战斗机

意大利空军在东非的军事行动后，重新装备了"闪电"战斗机和M.C.202"雷电"及M.C.205V"猎狗"战斗机。这三种飞机中，"雷电"最惹人注目。它采用了一种新型机身和改进的发动机，但保留了尾部装置、起落架和与"闪电"飞机一样的机翼。

外形漂亮的"雷电"战斗机与"闪电"一起，由马基公司、布雷达公司和SAI-安布罗西尼公司共同制造。在授权制造的阿尔法·罗密欧型发动机生产出来以前，"雷电"战斗机安装了德国的戴姆勒-奔驰DB-601A-1发动机。与"闪电"相比，"雷电"性能较好，但意大利处于盟军轰炸之中，航空工业无法生产足够的发动机。

M.C.202"雷电"战斗机于1941年11月在利比亚参战，1942年9月又在东线作战。意大利的飞行员们把"雷电"战斗机看作是一种出色的作战飞机。在北非沙漠中，它很容易地在飞行速度上胜过"飓风"和P-40，与著名的"喷火"对抗。

M.C.202"雷电"飞机档案

◆ "雷电"飞机部分地继承了马基公司曾参加施耐德奖杯争夺赛的竞争的水上飞机的传统。

◆ "雷电"飞机于1940年8月10日首飞。

◆ 共生产了约1500架M.C.202飞机，包括由马基公司生产的393架。

◆ 尽管M.C.202飞机具有较好的灵活性，但它比Bf 109和"喷火"战斗机的速度慢。

◆ M.C.202CB是一种专用的战斗轰炸机衍生型号，能够携带2枚320千克（700磅）的炸弹。

◆ 有一架被修复的马基M.C.202飞机陈列在美国航空航天博物馆内。

M.C.202 "雷电" 飞机

类型： 单座战斗机/战斗轰炸机

发动机： 1台876千瓦（1175马力）的阿尔法·罗密欧RA.1000 "季风" 反相 V–12活塞发动机（授权生产的戴姆勒–奔驰DB 601发动机）

最大航速： 在4570米（15000英尺）高度时为596千米/小时（370英里/小时）

航程： 765千米（475英里）

实用升限： 11500米（37700英尺）

重量： 空机重2350千克（5170磅）；满载后3010千克（6620磅）

武器： 在发动机整流罩内有2挺12.7毫米（0.50英寸口径）机枪

外形尺寸： 翼展　10.58米（34英尺8英寸）

　　　　　　机长　8.85米（29英尺）

　　　　　　机高　3.04米（10英尺）

　　　　　　机翼面积　16.80平方米（181平方英尺）

上图： 很好的灵活性加上足够快的速度，M.C.205V "猎狗" 是马基公司二战时最终生产的战斗机。最终衍生机型上装有一门强大的航炮武器。这是卡斯托蒂设计组设计的能与英国、德国或美国生产的最好战斗机相匹敌的飞机。

最大航速

　　尽管马基战斗机比以前的意大利战斗机速度都快，但仍无法在速度上与北非的盟军战斗机相匹敌。不过差距并不是很大，良好的操控性能使它优于P-40战斗机而与"喷火"相当。

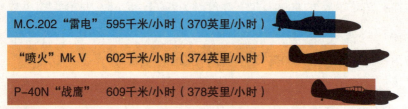

M.C.202"雷电" 595千米/小时（370英里/小时）

"喷火"Mk V 602千米/小时（374英里/小时）

P-40N"战鹰" 609千米/小时（378英里/小时）

实用升限

　　马基飞机能够爬升得很高，超过标准的"喷火"战斗机和那些参加沙漠战役采用低空发动机的飞机。从理论上看，P-40飞机能够飞得更高，但这并不是它最好的作战高度，在此高度上它行动迟缓难以机动。

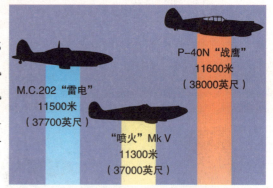

P-40N"战鹰"
11600米
（38000英尺）

M.C.202"雷电"
11500米
（37700英尺）

"喷火"Mk V
11300米
（37000英尺）

武器

　　武器装备是意大利战斗机的主要弱点。在英国战斗机装有8挺机枪德国战斗机装备航炮的时代，M.C.200战斗机最初只有2挺机枪。后来的马基战斗机都在机翼下方安装了航炮，但以降低性能为代价。

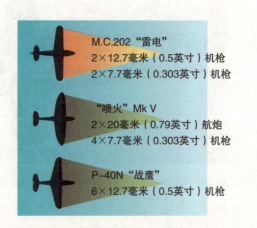

M.C.202"雷电"
2×12.7毫米（0.5英寸）机枪
2×7.7毫米（0.303英寸）机枪

"喷火"Mk V
2×20毫米（0.79英寸）航炮
4×7.7毫米（0.303英寸）机枪

P-40N"战鹰"
6×12.7毫米（0.5英寸）机枪

美国马丁（MARTIN）飞机公司

167 "马里兰（Maryland）" /187 "巴尔的摩（Baltimore）" 飞机

● 沙漠作战　● 仅用于出口　● 侦察机

在20世纪30年代末，格伦·L.马丁公司为美国陆军研制了"马里兰"飞机，后来卖给了法国，又为英国皇家空军研制了"巴尔的摩"飞机。两种飞机都是双引擎轻型轰炸机，它们都具有不多的载弹量和防御武器，对于参加二战并和现代化的战斗机，如"喷火"和梅塞施米特Bf 109相比，尽管设计坚固但性能较差不够先进。

马丁公司167"马里兰"/187"巴尔的摩"飞机

▲ 英国皇家空军最初订购的所有400架"巴尔的摩"飞机，都运到埃及对抗隆美尔在1942年发动的进攻。在柯蒂斯"小鹰"战斗机的护航下，它们在阿拉曼战役中表现突出。

▲ 土耳其的欣喜

根据租借法案的安排，许多"巴尔的摩"飞机在二战后期提供给土耳其。这是一架来自英国皇家空军的飞机。

▲ 狭窄的机身

长时间飞行中机组人员无法在"巴尔的摩"狭窄机身内走动以舒展身体减缓疲劳。

"巴尔的摩" Mk IV飞机

◆ 马丁公司制造了496架"马里兰"飞机，除一架之外，全部卖给了法国。其中有许多架又都被转交给英国皇家空军和皇家海军。

◆ 1939年，"马里兰"飞机在美国最大的飞机工厂生产。

◆ 在通过海上向英国交付时，至少有20架"巴尔的摩"飞机遭受损失。

◆ "巴尔的摩"飞机的总产量为1575架，除了B-26"掠夺者"飞机外（共生产了5266架），这一数量超过了马丁公司的任何其他飞机产量。

◆ "巴尔的摩"飞机的造价为120000美元，而B-26"掠夺者"飞机为78000美元。

◆ 在战争结束后，有一架"巴尔的摩"飞机被美国海军用以测试机翼。

◀ 英国的"马里兰"
飞机

英国皇家空军和皇家海军都使用"马里兰"飞机担负远程侦察任务。

▶ 穿越意大利向前推进

一架皇家空军的"巴尔的摩"Mk III飞机轰炸位于意大利北部苏尔莫纳的火车站。英国和南非的"巴尔的摩"飞机曾在整个意大利战役中参战。

▲ "马里兰"原型机

原型机于1939年3月13日首飞，被命名为XA-22。在美国陆军的竞标中，它败给了道格拉斯A-20飞机。

英国皇家空军的租借法案轰炸机

■波音"堡垒"：根据租借法案交付给英国皇家空军的125架"堡垒"轰炸机中，有19架是Mk II型（等同于B-17F）。大多数飞机都由空军海防总队使用，用于海上侦察任务。

■联合"解放者"：因在大西洋中部帮助封闭德国潜艇"空隙"而出名，它还在英国中东的轰炸机中队及远东作战。

■马丁"掠夺者"：根据租借法案的安排，大约有525架"掠夺者"飞机被交付给英国皇家空军和南非空军。这些飞机在地中海战区被广泛地使用。

■北美"米切尔"：1944—1945年，在第2战术空军部队中作战的"米切尔"是英国皇家空军的有力的近距离支援轰炸机。

"巴尔的摩" Mk IV飞机

在1944年意大利战役中，这架飞机属于第55和第223中队组成的第232联队，该联队由西北非战术空军指挥。

机身狭窄，机组人员之间的联系比较困难。如果驾驶员受伤，其他人想接替操控飞机几乎不太可能。

"巴尔的摩"飞机的早期型号防护性很差，只有机身中上部受机枪保护，极易受到上方和后方的攻击。Mk III型飞机安装了配有4挺伯朗宁7.7毫米（0.303英寸）口径机枪的波尔敦·保罗液压操纵炮塔，解决了这个问题。

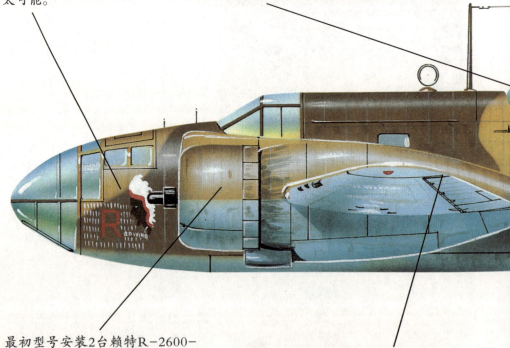

最初型号安装2台赖特R-2600-19发动机，Mk V型飞机则安装了2台1268千瓦（1700马力）的R-2600-29星形发动机，提高了速度和爬升性能。

"巴尔的摩"飞机的大部分设计都是以其"马里兰"飞机为基础的。其全金属式机翼几乎完全一样，同样安装在机身的中低位置处。

"巴尔的摩"飞机具有一个与众不同的曲线形方向舵和一个安装在低处的平尾，它还配有反应灵敏的控制装置，这些对于仅有一名驾驶员的远程作战飞机而言，都是必不可少的。

后方机身实际是一个携带机尾装置的尾桁。"巴尔的摩"飞机与"马里兰"飞机不同之处是长得多的前方机身。

FW332

在"巴尔的摩"飞机的炸弹舱内可携带重达907千克（2000磅）的炸弹。它能非常准确地进行轰炸，有时可从3000米（9843英尺）以上的空中向距离己方部队仅700米（2300英尺）远的目标投放炸弹。

交付给英国皇家空军的所有"巴尔的摩"飞机都在地中海战区服役，采用的是一种棕色/红黄色的沙漠伪装方案。

杰出的沙漠轰炸机

"马里兰"飞机由马丁公司的工程师詹姆士·麦克唐纳设计，他后来进入麦克唐纳–道格拉斯公司。"马里兰"飞机由美国陆军以XA–22编号的原型机进行测试，性能好于其他攻击轰炸机。但美国陆军却拒绝签订生产合同，于是"马里兰"飞机转而出口至法国。首架飞机于1939年9月2日出厂，这一天正好是法国和英国对德国宣战的前一天。但"马里兰"飞机仅对这场战争产生了非常小的影响。

"马里兰"飞机发展成了"巴尔的摩"，它被美国陆军命名为A–30。作为一种较为强大的攻击轰炸机某种程度上满足了英国需要，它在北非被广泛使用，尤其在1942年6月的阿拉曼战斗中发挥了作用。在战争的后期，该机还在意大利取得了一些成功。

最后一批"巴尔的摩"飞机还随英国皇家空军在肯尼亚服役，曾担负航空绘图和控制蝗虫的任务，一直到1948年。

上图：第13中队在1943年12月重新装备了"巴尔的摩"飞机，并在接下来的10个月中，在意大利北部昼夜作战。

上图：在"马里兰"飞机的原型机还没有首飞之前，法国就订购了该机，并最终获得了140架。其中许多架在自由法国部队中服役至1943年。

"巴尔的摩" Mk IV飞机

类型：4座轻型轰炸机（马丁187"巴尔的摩"）

发动机：2台1238千瓦（1660马力）的赖特R-2600-19"旋风"14星形活塞发动机

最大航速：在3505米（11500英尺）高度时为491千米/小时（304英里/小时）

航程：1741千里（1080英里）

实用升限：7100米（23300英尺）

重量：空机重7013千克（15429磅）；最大起飞重量10251千克（22550磅）

武器：在机翼上安装有4挺7.7毫米（0.303英寸口径）机枪，在机腹位置有2或4挺同样的机枪，在固定的向后射击位置琮预备有4挺7.62毫米（0.30英寸口径）机枪，外加907千克（2000磅）载弹量

外形尺寸：翼展　18.69米（61英尺4英寸）

　　　　　　机长　14.78米（48英尺6英寸）

　　　　　　机高　5.41米（17英尺9英寸）

　　　　　　机翼面积　50.03平方米（538平方英尺）

效果数据

巡航速度

　　尽管"巴尔的摩"飞机的发动机功率比"马里兰"飞机更强大，但它们却具有相同的最大速度。实际上，"马里兰"飞机的巡航速度比"巴尔的摩"飞机要快些，这主要得益于它流线外形。但这两种飞机的速度都比"波士顿"飞机要慢。

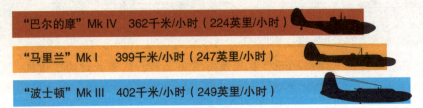

"巴尔的摩" Mk IV　362千米/小时（224英里/小时）

"马里兰" Mk I　399千米/小时（247英里/小时）

"波士顿" Mk III　402千米/小时（249英里/小时）

动力

　　"波士顿"和"巴尔的摩"飞机比"马里兰"飞机具有明显的动力优势。这使得它们能够携带更多的防御武器，并有良好的爬升速度。

"巴尔的摩" Mk IV
2476千瓦
（3320马力）

"马里兰" Mk I
1566千瓦
（2100马力）

"波士顿" Mk III
2386千瓦
（3200马力）

武器

　　后来型号的"巴尔的摩"飞机具有重型防卫武器，能够对敌战斗机进行顽强的抵抗。"马里兰"飞机对来自后方攻击的防御能力较差。所有这三种飞机都能携带相同的载弹量。

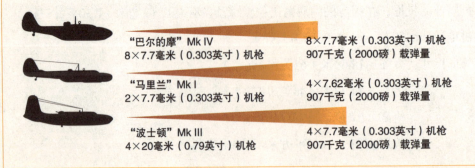

"巴尔的摩" Mk IV
8×7.7毫米（0.303英寸）机枪
8×7.7毫米（0.303英寸）机枪
907千克（2000磅）载弹量

"马里兰" Mk I
2×7.7毫米（0.303英寸）机枪
4×7.62毫米（0.303英寸）机枪
907千克（2000磅）载弹量

"波士顿" Mk III
4×20毫米（0.79英寸）机枪
4×7.7毫米（0.303英寸）机枪
907千克（2000磅）载弹量

德国梅塞施米特（MESSERSCH-MITT）飞机公司

Bf 109飞机

- 战斗中的"埃米尔"　● 轰炸机护航　● 战斗轰炸机任务

　　1940年春季，在西班牙内战期间广泛服役的Bf 109飞机都换成了具有优良俯冲性能和各种武器配备方案的Bf 109E型飞机，它通常装有2门航炮和2挺机枪，非常强大，性能优异，但在不列颠，大批的对手正等着对付它呢。

梅塞施米特Bf 109飞机

◀ 不列颠战役期间，所有的参与者所面临的条件都很严酷。在前线机场简易的帆布飞机棚内，Bf 109飞机经受住了野外的挑战。

▲ 丧失作战能力

这架被击落的第III./JG 26中队的飞机喷涂黄色的机鼻颜色，战役最初阶段德军以此作为识别特征。

▲ 被俘飞机的评估

在不列颠战役期间及之后的战役中，有数架Bf 109E飞机落入盟军的手中。这架飞机正由美国测试。

Bf 109E-3飞机

类型：单座战斗机

发动机：1台876千瓦（1175马力）的戴姆勒–奔驰D 601A液冷反相V–12发动机

最大航速：在4440米（14500英尺）高度时为560千米/小时（347英里/小时）

初始爬升率：1000米/分（3300英尺/分）

航程：660千米（410英里）

实用升限：10500米（34400英尺）

重量：空机重1900千克（4180磅）；最大起飞重量2665千克（5863磅）

武器：1门安装在发动机上的20毫米（0.79英寸）MGFF航炮，4挺7.9毫米（0.31英寸）MG 17机枪

外形尺寸：翼展　9.87米（32英尺4英寸）

　　　　　　机长　8.64米（28英尺4英寸）

　　　　　　机高　2.50米（8英尺3英寸）

　　　　　　机翼面积　16.40平方米（176平方英尺）

▶ 战役之后的荣誉

到不列颠战役结束时，沃纳·莫德斯取得了非凡的战绩，他驾驶的Bf 109飞机的方向舵上所喷涂的战线标志能很好地说明这一点。同另一位王牌飞行员加兰德一样，在西班牙内战期间，莫德斯也曾指挥过一支部队。

◀ 早期行动

机组人员很快便用灰暗的斑纹伪装色覆盖了他们飞机上显眼的淡蓝色。

▲ 王牌飞行员加兰德

到了1940年9月24日，阿道夫·加兰德飞机的方向舵上已经划上40条击落敌机的标志了。

主起落架张开很大，但Bf 109飞机仍然具有一个非常窄的地面轨迹。它和"喷火"飞机一样，在地面上难以操控。

Bf 109飞机的驾驶员座舱十分狭小，穿过装甲风挡玻璃向前的视野较差。然而狭小的驾驶员座舱也使飞机正面面积保持最小限度，减小了阻力和伤亡率。

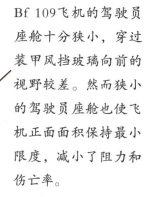

Bf 109E档案

◆ Bf 109E-4型飞机的驾驶员弗朗茨·冯·韦勒，是唯一从一座西方盟军战俘营中逃脱并返回国内的德国人。

◆ 到1938年结束时，最早的Bf 109E飞机运抵西班牙。

◆ 有1架被法国俘获的Bf 109E飞机因与1架"鹰"75A飞机的碰撞而毁坏。

◆ 被俘获的Bf 109飞机都由英国皇家空军在模拟战斗中使用，以检验其对抗"飓风"和"喷火"飞机的能力。

◆ 冷却和振动问题使得安装在发动机上的航炮问题频发。

◆ 不列颠战役的后期，Bf 109E-7型飞机采用了一部容量为300升的副油箱。

在前方机身上部的每个槽后方都
安装有1挺7.9毫米（0.31英寸）
MG 17机枪，并穿过螺旋桨同步
进行射击。

Bf 109E安装了DB 601发动
机，由于机鼻下方没有散热
器，整流罩内安装有一台油
冷器。这使得它很容易与早
期的Bf 109飞机区别开来。

在驾驶员座舱下方的一个白色
盾形上骄傲地印有一个红色的
"R"。这种在战争的早期阶
段使用的标志，源于第JG 2战
斗机"里希特霍芬"联队的传
统。

Bf 109E-4飞机

1940年10月，驻扎在法国的贝尔茨–罗热基地的这架飞机由I./JG联队的第2中队指挥官赫尔穆特·维克尔少校驾驶。

空中优势与远程作战部署相结合，使纳粹德国空军战斗机飞行员们能够获得大量战绩。这架飞机喷上了44次击落敌机的记录，在维克尔的飞机于1940年11月28日被击落之前，正要取得第55次胜利。

所有早期的Bf 109飞机，一直到包括"埃米尔"飞机在内都有一个与众不同的特征：支柱支撑的横尾翼。从1941年3月进入第JG 2战斗机联队服役的Bf 109F型飞机取消了这个设置。

不列颠上空的梅塞施米特飞机

到1940年8月德国对英国发动其"鹰日"攻击计划时，从被占领的法国基地出发（通常被称为"埃米尔"）的Bf 109E飞机，已经掩护着德国轰炸机对英国海岸目标和航运舰船实施了一个月的打击。

德国的战斗机飞行员知道他们的飞机在性能上比英国的"飓风"和"喷火"飞机具有优势，两门航炮也非常有效。但是当它们被迫掩护纳粹德国空军的轰炸机深入英国内陆时，开始失去了最初的优势。

只要Bf 109E能够在大约9000米（29000英尺）的高度穿越英吉利海峡，并在辽阔的空中与英国战斗机自由交战，"埃米尔"就能使自己处于不败之地。然而，一旦受到轰炸机编队的束缚，它们就将会失去其独立性，在安装了副油箱的Bf 109E-7飞机参战之前，德国人在英国上空停留的时间不超过30分钟。

此外，还有着其他不利条件：英国雷达能够探测到接近的飞机编队，从而使皇家空军的战斗机有了战术上的优势；所有的任务都要经历长时间的跨海飞行，纳粹德国空军战斗机部队已经过度疲劳。到了1940年9月，纳粹德国空军坚持不住，就转而对伦敦实施夜间袭击。

左图：伊斯特本地方的民众怀着极大好奇心围观这架坠毁的"埃米尔"飞机，这是不列颠战役中双方损失的数百架飞机的典型代表场景。

不列颠战役中的王牌飞行员

■**巴尔塔萨**：威廉·巴尔塔萨在西班牙与"秃鹰军团"一同作战，他参加了整个不列颠战役，但丧生于1941年，当时他的Bf 109F飞机在战斗中脱落一个机翼。

■**巴尔**：海因茨·巴尔是不列颠战役和其他几场战役中经验丰富的飞行员，在1945年早期，他担负了试飞亨克尔He 162飞机的艰巨任务。

■**加兰德**：阿道夫·加兰德驾驶的Bf 109飞机是早期的E-3型，后来他又驾驶这架E-4型，机上都印有他私人喜爱的米老鼠标记和第JG 26战斗机联队的"S"标识，到1940年9月24日，他获得了40次空战胜利。

效果数据

最大航速

Bf 109E-3的速度比"喷火"要快，它轻松地成为"飓风"Mk I型飞机的对手。而快速的改进也为"喷火"飞机增加了新的优势，以胜过Bf 109E-3飞机。

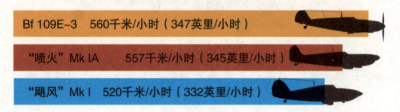

Bf 109E-3   560千米/小时（347英里/小时）

"喷火"Mk IA   557千米/小时（345英里/小时）

"飓风"Mk I   520千米/小时（332英里/小时）

爬升速率

Bf 109E-3飞机较高的爬升率经常使它能够逃离困境，或高速爬升至其对手的上方然后俯冲攻击，但一旦用于轰炸机护航，这个战术就变得毫无可能了。

Bf 109E-3
1000米/分
（3300英尺/分）

"喷火"Mk IA
771米/分
（2530英尺/分）

"飓风"Mk I
671米/分
（2200英尺/分）

武器配备

尽管英国的战斗机具有较多的武器数量，但它们的机枪却比不过德国飞机上航炮的毁灭性火力。

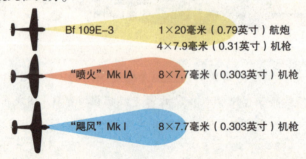

Bf 109E-3   1×20毫米（0.79英寸）航炮
4×7.9毫米（0.31英寸）机枪

"喷火"Mk IA   8×7.7毫米（0.303英寸）机枪

"飓风"Mk I   8×7.7毫米（0.303英寸）机枪

德国梅塞施米特（MESSERSCH-MITT）飞机公司

Bf 110飞机

- "毁灭者" ● 夜间战斗机 ● 战斗轰炸机

第二次世界大战开始时，梅塞施米特公司飞机速度较快并配有重型武装，Bf 110 "毁灭者" 战斗机是纳粹德国空军寄予厚望的武器之一。不列颠战役期间，双发动机的Bf 110却被发现极易受到对手的单发动机战斗机的攻击。但随着战争的进展，它被证明是一种可靠的作战飞机，能够充任远程战斗机、战斗轰炸机、轰炸驱逐机和夜间战斗机。

梅塞施米特Bf 110飞机

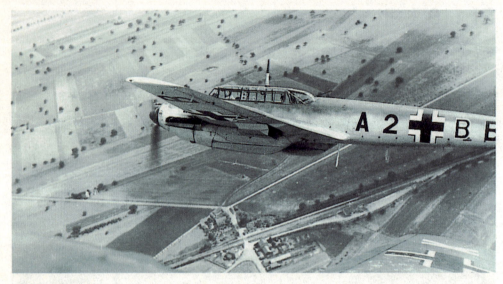

▲ 空中霸权

1940年6月法国上空的作战中,第ZG 52驱逐机联队的Bf 110飞机对敌方机场随意实施攻击,几乎未受到任何抵抗。

Bf 110C-4/B档案

◆ 在入侵波兰和法国期间,Bf 110飞机在支援国防军作战中取得了巨大成功。

◆ Bf 110飞机也曾担负轰炸和侦察任务。

◆ Bf 110飞机的原型机于1936年5月12日进行了首航。

◆ 除了其枪炮武器之外,Bf 110飞机还能够在机身下方的吊架上携带1250千克(2750磅)炸弹或火箭弹。

◆ Bf 110飞机被鲁道夫·赫斯用于在1941年前往英国的飞行中。

◆ 当1945年3月停止生产时,大约有6050架Bf 110飞机被制造出来。

◀ 同许多战时的德
国飞机一样，
Bf 110飞机很优
秀，用来替代它
的Me 210的失
败，使它服役的
时间非常长，到
战争结束时，Bf
110仍在生产。

◀ **照相任务**

Bf 110飞机曾担
负各种各样的任
务。这架位于利
比亚基地的飞机
正在安装侦察照
相机。

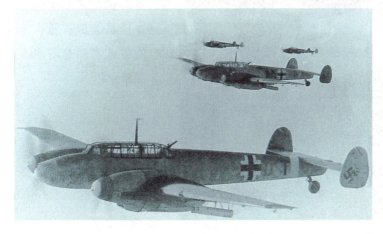

◀ **轰炸机破坏者**

装备火箭弹的Bf
110飞机都是强
有力的轰炸机的
毁灭者，但对盟
军的护航战斗机
却毫无作用。

▲ 沙漠"毁灭者"

这架Bf 110飞机从北非的沙漠基地起飞时激起了大量沙尘，强大的武器可以非常有效地攻击坦克。

◀ 火力

机头上装备的强大航炮和机枪不仅对地面目标极具毁灭性，也使得敌军的轰炸机变得短命。

梅塞施米特公司"毁灭者"飞机的竞争对手

■亨舍尔Hs 124：20世纪30年代早期设计的一种大而重的普通轰炸机。

■福克—沃尔夫Fw 57：福克—沃尔夫的轰炸驱逐机甚至比亨舍尔飞机还要大，但动力不足，无法与Bf 110飞机的性能相比。

■梅塞施米特Bf 162：以Bf 110为基础设计制造的高速轰炸机，其特征是具有一个放大的机身，后用作研究。

■福克—沃尔夫Fw 187：性能一流的飞机，比Bf 109单座战斗机速度还要快，但空军对它态度冷淡，未能服役。

■容克Ju 88：这是德国最好的快速轰炸机，它是如此的灵敏，以至于很容易改造成重型战斗机，比最初的"毁灭者"飞机要容易得多。

但所有的Bf 110飞机都安装戴姆勒—奔驰DB 601发动机。虽然原型机使用DB 601发动机遇到可靠性的问题。

Bf 110飞机后方座舱内携带的1或2挺7.92毫米（0.31英寸）机枪，似乎能够对来自后方的攻击提供一些防护，但实际上却无法与单引擎战斗机的武器对抗。

Bf 110飞机有大量的衍生型号和许多种机头武器配备方案。大多数早期的飞机，机头安装4挺机枪，在机腹部安装2门20毫米（0.79英寸）航炮。

通过安装被称为"达克斯狗肚"的大型油箱，可以增加航程。但油箱很容易受到敌军火力的打击，因此机组人员都不喜欢它。

Bf 110C–4/B飞机

Bf 110C–4/B飞机是衍生型战斗轰炸机。1940年年末，这架飞机隶属于在地中海驻扎在巴勒莫的第26"豪斯特·威塞"驱逐机联队第9中队。

椭圆的机身是相当标准的全金属承力表层式结构，上部表面安装有悬臂式横尾翼。

较小的后方安定翼使后方机枪手具有良好的射界。Bf 110飞机的一个与众不同的特征就是其横尾翼的倾角可以改变。

机身下方有时安装一个方向测定环形天线。

Bf 110H是最终的衍生机型，其特点是加固的后部机身。

"毁灭者"战斗机

由于DB-601发动机而延迟的Bf 110"毁灭者"远程重型战斗机于1938年服役,刚好赶上入侵波兰。此后,它逐渐地证明了自己作为"轰炸驱逐机"的价值:

曾在一次任务中就击落了22架英国皇家空军的"威灵顿"中型轰炸机。

尽管内部空间和外形稍欠完美,但尺寸和重量刚好能使它轻快灵活地完成各种任务。它开创了使用雷达在夜间作战,并使用空对空火箭弹的先例,作为装有雷达的夜间截击机,它的火箭弹给敌方战斗机造成重大伤亡。可是,它自己后方的机枪手都不能抵抗"飓风"和"野马"这类战斗机的攻击。

上图:随着战争的继续进行,空中战术支援成为Bf 110飞机越来越多的任务。这架在苏联上空飞行的Bf 110飞机涂装了第210轻型轰炸机联队独特的"胡蜂"涂装标志。

左图：Bf 110飞机的主要力量在于它能够接纳诸如Bk 3.7航炮之类的武器中。这种武器的单发命中通常就能使任何盟军的轰炸机丧命。

Bf 110C-4/B飞机

类型： 双座战斗轰炸机/侦察战斗机

发动机： 2台895千瓦（1200马力）的戴姆勒-奔驰D 601N反相V-12活塞发动机

最大航速： 在7000米（22960英尺）高度时为562千米/小时（348英里/小时）

航程： 850千米（527英里）

实用升限： 10000米（33000英尺）

重量： 空机重4500千克（9900磅）；满载后重7000千克（15400磅）

武器： 机腹处2门20毫米（0.79英寸）"厄利孔"MG FF航炮，机头有4挺7.92毫米（0.31英寸）MG17机枪，后方座舱内有1挺7.92毫米MG 15机枪，中央部分下方的吊架上有4枚250千克（550磅）炸弹

外形尺寸： 翼展　　16.25米（53英尺）

　　　　　　机长　　12.10米（40英尺）

　　　　　　机高　　3.50米（11英尺）

　　　　　　机翼面积　39.40平方米（424平方英尺）

效果数据

最大航速

二战之前，许多国家都在研制双引擎重型战斗机，各种各样的设计也反映了不同的设计思想。Bf 110飞机比法国波泰飞机的速度要快得多，却无法与较小较轻的单座韦斯特兰"旋风"飞机相比。

Bf 110C　562千米/小时（348英里/小时）

"旋风" Mk I　580千米/小时（360英里/小时）

波泰63型　440千米/小时（273英里/小时）

航程

Bf 110飞机是作为一种远程战斗机而设计的，按照20世纪30年代德国同时期的标准，它具有相当合理的性能。但它不能与其竞争对手飞得一样远，这可能是因为当时的大多数德国飞机都主要是设计用于为国防军提供近跨度支援的原因。

Bf 110C
850千米
（527英里）

"旋风" Mk I
1300千米
（800英里）

波泰63型
1500千米
（930英里）

武器

Bf 110飞机具有强大的全方位武器配备，且得到携带1吨载弹量的能力的补充。在战争后期，该机被证明能够携带口径更大的武器，如30毫米（1.18英寸）航炮或37毫米（1.47英寸）反坦克机炮。

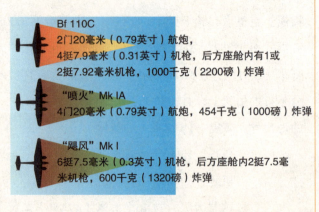

Bf 110C
2门20毫米（0.79英寸）航炮，
4挺7.9毫米（0.31英寸）机枪，后方座舱内有1或
2挺7.92毫米机枪，1000千克（2200磅）炸弹

"喷火" Mk IA
4门20毫米（0.79英寸）航炮，454千克（1000磅）炸弹

"飓风" Mk I
6挺7.5毫米（0.3英寸）机枪，后方座舱内2挺7.5毫米机枪，600千克（1320磅）炸弹

德国梅塞施米特（MESSERSCH-MITT）飞机公司

Me 262飞机

● 喷气式战斗机先锋　● 革命性的飞机设计

　　二战期间，格塞施米特公司生产了一种超级战斗机Me 262飞机是德国科技成就的一个顶点。外形像鲨鱼一样的Me 262装有划时代的喷气式发动机，火力配备强大，如果被正确使用，它有可能会将盟军的轰炸机从德国的天上横扫一空。盟军没有能与该机相比的飞机，它是未来航空工业革命的征兆。

梅塞施米特公司Me 262飞机

▲ **夜间战斗机**

Me 262B-1a/U1本应成为战争中最好的夜间战斗机，但仅有12架参战。它在机鼻处装有雷达，2名机组人员。

Me 262档案

◆ 从1944年3月至1945年4月，纳粹德国空军共获得了1433架Me 262飞机。

◆ Me 262作为一种轰炸机，它只能携带2枚227千克（500磅）或454千克（1000磅）炸弹，无法对迅速向德国推进的盟军军队造成多大影响。

◆ 2架Me 262A-1/U4测试飞机安装了1门强有力的50毫米毛瑟MK 214航炮，但没有在作战中使用。

◆ 得克萨斯州的企业家们制造了5架新的Me 262飞机，这些飞机使用美国的J85发动机，于1991年开始飞行。

◆ Me 262飞机在以最大马力飞行时性能不错，但在低速飞行时不够灵活，难以操控。

◆ 双座的Me 262飞机用于训练并作为夜间战斗机使用。

◀ Me 262飞行员驾驶着世界上第一种作战用喷气式飞机。如果它早些诞生,必将对战争进程造成巨大冲击。

◀ **精确轰炸**

这架试验飞机在机鼻处为轰炸瞄准手留有一个位置,瞄准手脸朝下趴着,并通过玻璃机鼻瞄准轰炸目标。

◀ **空对空战斗机**

在最大速度和高度方面,没有哪种飞机能够比得上Me 262飞机,但它在低速飞行时却很笨拙,在降落和起飞时很容易受到攻击。在Me 262飞机基地附近巡逻的盟军战斗机,就曾击落许多架返航的该型喷气机。

▲ 是战斗机还是轰炸机？

Me 262飞机是作为一种战斗机而设计的，但据说希特勒坚持要将它作为一种轰炸机，这常常被认为是Me 262交付延迟的原因。事实上，真正的原因是由于发动机供应缓慢并且补充很小。

◀ 首次喷气飞行

Me 262 V3于1942年7月18日首次使用喷气式发动机进行了飞行。该机具有一个尾轮，当它降落时，其未燃的油料在着陆时也被引燃。

首批喷气机

■**亨舍尔He 178**：是历史上最重要的飞机之一，是最先采用喷气式发动机的飞机，于1939年8月27日首飞，为喷气式动力战斗机铺平了道路。

■**亨克尔He 280**：1941年5月，亨克尔公司制造了世界上第一架双引擎喷气机。它的性能完全超出了所有采用活塞发动机的战斗机，但它的发展由于Me 262飞机而停止。

■**格斯特E28/39**：由于先驱弗兰克·怀特的原因，英国曾在发动机设计上领先于德国，但由于官方态度的冷淡使得第一架英国喷气机一直到1941年5月15日才起飞。

■**格洛斯特"流星"**：尽管"流量"于1943年3月的首飞比Me 262飞机晚9个月，却先于Me 262飞机一周于1944年7月投入作战。

虽然总的来说Me 262飞机的操作和控制惊人的良好，但在高速飞行时有横向振荡的倾向，这使航炮很难准确射击。在低速飞行时如果有一台发动机发生故障（这种情况经常发生），其结果常常是灾难性的。

Me 262战斗机装备的重量级武器是：前方机身内4门30毫米（1.18英寸）的MK 108航炮；机翼下12发非制导的空对空火箭弹。

Me 262 "施瓦尔贝"飞机

就其产生的时代而言，优美而圆润的流线式外形的Me 262飞机在操控性能和快速方面令人满意。它最大的缺点就是反应迟钝，缺乏灵活性。

几乎是全玻璃无遮挡的座舱盖使Me 262比从前的Bf 109之类活塞发动机飞机或战斗机相比，有了非常好的座舱视界。

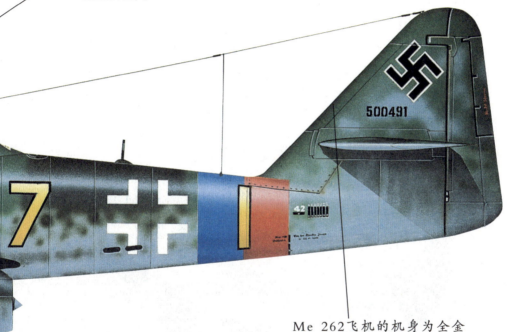

Me 262飞机的机身为全金属单体横造结构。机翼、横尾翼和安定翼也都是全金属的，且每个都只在机翼前缘上有一个适中的后掠角。

Me 262飞机安装了2台容克Jumo 004B-1涡轮喷气发动机，每台发动机具有9千牛顿（2023磅推力）的功率。这些早期的喷气发动机仅有25小时的使用寿命，每使用10小时就要进行大修。

德国非凡的喷气机

沃尔特·诺沃特尼少校是德国最优秀的飞行员之一，他于1944年年末组建了"诺沃特尼"大队，驾驶着优美、强大、世界上速度最快的Me 262战斗机，它配备的4门大口径航炮和非制导的R4M火箭弹，与蜂拥而来的盟炸机和战斗机搏杀。Me 262有能力击落"飞行堡垒"飞机，自身却几乎丝毫不受损失。仅仅是因为盟军大规模的战略轰炸造成了德国工业的毁灭，才使得这种难以置信的飞机的生产被迟滞。

其他德国空军部队将Me 262飞机作为轰炸机使用，完全浪费了这种新型作战飞机。

Me 262飞机出现得太晚，而且经常被以错误的方式使用，虽然造成一点点恐慌，却不能改变战争结局。后来，盟军的专家们研究了Me 262，并得出结论说梅塞施米特Me 262飞机领先于其他国家的战斗机数年时间。这些研究也帮助了美国、苏联和英国研制出更为先进的喷气发动机和机身，从而使飞机的速度达到了不可思议的超音速。

上图：一架从德军基地起飞的Me 262A飞机。在1945年春季，Me 262飞机在对盟军飞机的战斗中取得过多次胜利。

左图：Me 262飞机的原型机出现了起降问题，梅塞施米特公司的工程师们修改了设计，将作战飞机上装了一个机头降落轮。

Me 262A-2飞机

类型： 单座空中优势战斗机

动力装置： 2台8.82千牛顿力（1980磅）的容克Jumo 004B-1，-2或-3轴流喷气发动机

最大航速： 870千米/小时（540英里/小时）

航程： 在9000米（30000英尺）高空为1050千米（650英里）

实用升限： 11450米（37500英尺）

重量： 空机重3800千克（8738磅）；满载后重6400千克（14110磅）

武器： 4门30毫米（1.18英寸）莱茵钢铁-博尔西格Mk 108A-3航炮，上面的一对航炮则带有80发弹药，12发R4M空对空火箭弹，2枚226千克（500磅）炸弹或1枚452千克（1000磅）炸弹

外形尺寸： 翼展　12.50米（40英尺）

机长　10.58米（34英尺9英寸）

机高　3.83米（12英尺7英寸）

机翼面积　21.73平方米（234平方英尺）

最大航速

Me 262飞机比同时期的飞机，如格洛斯特"流星"飞机的速度快得多，几乎与美国的洛克希德P-80"流星"飞机的速度一样快，P-80飞机在战争的最后一周内才投入作战使用。早期的喷气战斗机在低速飞行时性能都较差。

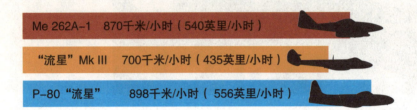

Me 262A-1　870千米/小时（540英里/小时）

"流星"Mk III　700千米/小时（435英里/小时）

P-80"流星"　898千米/小时（556英里/小时）

实用升限

喷气发动机在高空的效率要比活塞发动机强很多，所有的早期喷气机都有相当好的高空性能。

Me 262A-1
11450米
（37500英尺）

"流星"Mk III
12250米
（40200英尺）

P-80"流星"
13715米
（45000英尺）

武器配备

Me 262飞机配备了重型武装，除了航炮之外，还携带非制导火箭弹。"流星"飞机也装备有航炮，但威力不及德国的喷气机。同当时的大多数美国战斗机一样，P-80飞机按欧洲的标准武器明显不足，仅配有机枪。

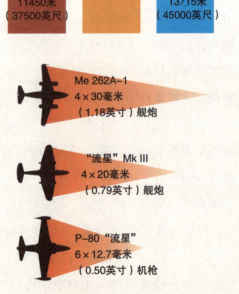

Me 262A-1
4×30毫米
（1.18英寸）舰炮

"流星"Mk III
4×20毫米
（0.79英寸）舰炮

P-80"流星"
6×12.7毫米
（0.50英寸）机枪

德国梅塞施米特（MESSERSCH–MITT）飞机公司

Me 323 "巨人（Gigant）" 飞机

- 巨大的滑翔机　● 多引擎运输机　● 巨大的货物负载量

Me 321 "巨人" 飞机是一种巨大的滑翔机，最初建造它是为了入侵英国，它是一个真正的 "举重者" "巨人"。在安装了6台发动机之后，Me 321变成了Me 323运输机，能够运载士兵和装备进入作战区域。"巨人" 的名称恰如其分：它是二战中最庞大的飞机之一，有着惊人的运载能力。但是它速度较慢，很容易成为战斗机的牺牲品。

梅塞施米特公司Me 323 "巨人" 飞机

▲ 容易牺牲

　　"巨人" 飞机速度缓慢行动笨拙，很容易成为远程战斗机的牺牲品。当它们为被围困的非洲军团运送补给时，许多都在地中海上空被击落。

Me 323档案

◆ 为了使负载后的 "巨人" 飞机升入空中，它必须安装火箭助推器。

◆ 有一架Me 323飞机将220名士兵从北非撤回运至意大利，其中140人装在货舱内，另外80人则载于机翼内。

◆ 有一架Me 323飞机安装了11门自动航炮，有17名机组人员。

◆ "巨人" 飞机的座舱几乎有三层楼高。

◆ 从东线的冰冷区域到炙热的沙漠地区都有Me 323的巨大身影。

◆ "巨人" 飞机采用了许多现代化货运飞机上的标准设置，包括蛤壳式装货门和高翼。

▲ 巨形滑翔机

无动力的Me 321滑翔机是用来为空降部队携带重型装备和火炮的。但它如此巨大，以至于想要寻找一种适合的滑翔拖曳机成了难题。

▲ 确保"巨人"飞机

"巨人"飞机的维修保养也成为问题。6台发动机距离地面5米（16英尺5英寸）多高，因此研制了专门的工作车以便使维修保养工程师能够够到它们。但这些车辆只在驻有"巨人"飞机的飞机场内才有。

◀ **特大的运输机**

　　"巨人"飞机是当时最大的飞机。尽管安装了6台发动机，但飞机性能仍然较差，非常难于驾驶。

▼ Me 323 "巨人"飞机采用了看上去很容易破碎的钢管和帆布构造，但它曾运载过一些二战中最沉重货物。

▶ **为庞大的滑翔机提供动力**

但是，"巨人"作为一种滑翔机却从来都是不可行的，梅塞施米特公司决定使用法国生产的"土地神-罗纳"发动机改装生产一种有动力的"巨人"改型机。

Me 323 "巨人" 飞机

类型：重型通用运输机

动力装置：6台850千瓦（1140马力）的"土地神-罗纳"14N 48/49星形气冷式发动机

最大航速：在1500米（4900英尺）高度为253千米/小时（157英里/小时）

航程：1100千米（682英里）

实用升限：4500米（14700英尺）

重量：空机重29060千克（64066磅）；满载后重45000千克（99000磅）

武器：两个炮塔（每个机翼各有一个）内各有1门20毫米（0.79英寸）航炮，位于机头舱门处有2挺13毫米（0.51英寸）机枪；从驾驶舱内发射的5挺13毫米机枪

外形尺寸：翼展　55.00米（180英尺）

　　　　　　机长　28.50米（93英尺）

　　　　　　机高　9.60米（31英尺）

　　　　　　机翼面积　300平方米（3228平方英尺）

Me 323E-2 "巨人" 飞机

　　这架Me 323飞机涂装有地中海的白色战区色带，在1943年后期，它匆忙被调往东线隶属于第54运输航空团第1大队。

不同的"巨人"飞机武器
装备有很大不同，但多数
"巨人"飞机是在驾驶舱
处安装5挺机枪，在宽大
的机窗处配有5或6挺步兵
机枪，如果是在作战中，
将增加更多的机枪。

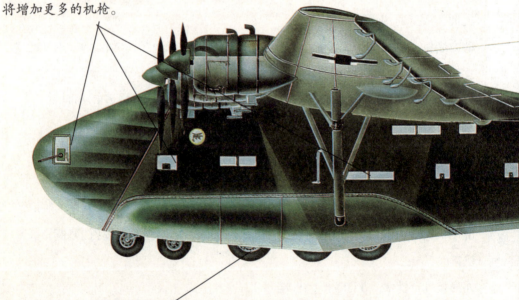

早期的滑翔机采用可分离的主轮起飞，并用起
落橇降落。动力型的飞机则采用首创的多轮起
落架，以便在简易机场上起降。

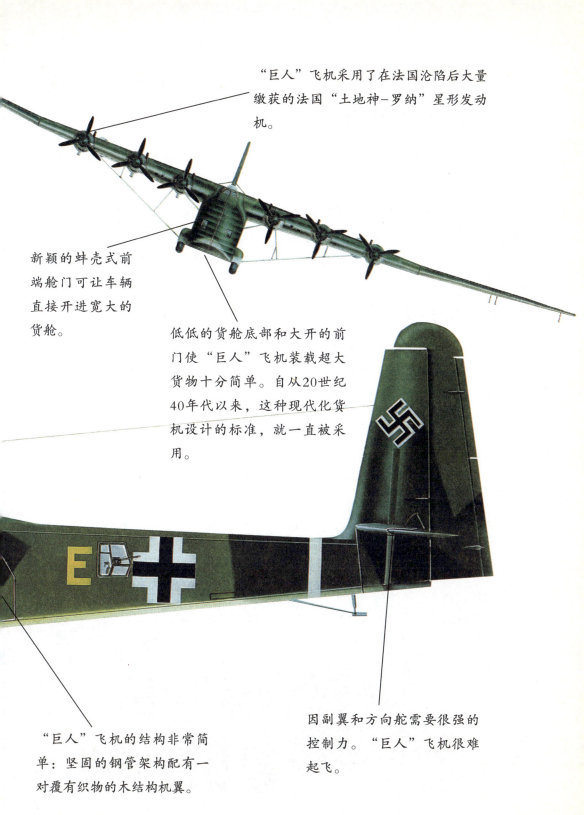

"巨人"飞机采用了在法国沦陷后大量缴获的法国"土地神–罗纳"星形发动机。

新颖的蚌壳式前端舱门可让车辆直接开进宽大的货舱。

低低的货舱底部和大开的前门使"巨人"飞机装载超大货物十分简单。自从20世纪40年代以来，这种现代化货机设计的标准，就一直被采用。

"巨人"飞机的结构非常简单：坚固的钢管架构配有一对覆有织物的木结构机翼。

因副翼和方向舵需要很强的控制力。"巨人"飞机很难起飞。

梅塞施米特公司的巨型"举重者"

德国在设计滑翔机方面世界领先，"巨人"飞机就是例证。Me 321飞机如此巨大，以至于必须研制一种特别的飞机作为拖曳机。为了运输士兵和车辆到战斗空降区域，或许真的需要一种真正的庞然大物？

动力型梅塞施米特Me 323飞机装有6台发动机。它可以运载3辆车或200名全副开装的士兵。蚌壳式前端舱门和滚装货物能力是非常先进的构想，今天的大型运输机广泛采用这种方式。

Me 323"巨人"飞机巨大，动力不足，速度非常低；装备很多炮塔，但防护能力极差。"巨人"飞机采用织物覆盖的钢管结构，非常坚固，盟军战斗机有时开了火，却没有击落笨重的"巨人"飞机。但这种非凡的飞机只在不用直接面对盟军战机的区域才能获得成功。

"巨人"飞机的负载

■运送部队：二战时大多数战术运输机只能运载约20名士兵时，"巨人"飞机则可以运载120名士兵，它有2层3～4行的座位。在北非撤退期间，"巨人"飞机的能力被发挥到极限。由于缺乏运输机，它们被迫携带200名以上士兵，有些人坐在机翼内，逃回了意大利。

上图：即使配有6台发动机，"巨人"飞机升空仍需要得到帮助。但德国空军拥有丰富的助飞经验，他们用火箭使Me 323携带重型负载升空相对容易。

左图："巨人"飞机最主要的能力是其巨大的货物储量。它的超大型机身能容纳20吨的装载量。

■运输火炮："巨人"飞机是二战时期唯一能同时运送一门火炮牵引车和几名炮手及弹药的飞机。"巨人"飞机巨大的前端舱门能在很短时间内很容易装运卡车、加油车、救护车或其他重达20吨的混合货物。

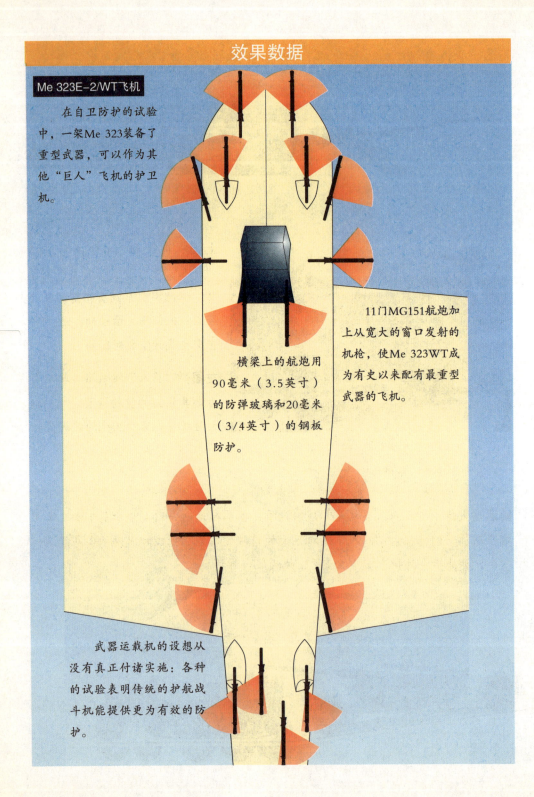

Me 323E-2/WT飞机

在自卫防护的试验中，一架Me 323装备了重型武器，可以作为其他"巨人"飞机的护卫机。

横梁上的航炮用90毫米（3.5英寸）的防弹玻璃和20毫米（3/4英寸）的钢板防护。

11门MG151航炮加上从宽大的窗口发射的机枪，使Me 323WT成为有史以来配有最重型武器的飞机。

武器运载机的设想从没有真正付诸实施：各种的试验表明传统的护航战斗机能提供更为有效的防护。

苏联米高扬-格鲁维奇（MIKOYAN-GUREVICH）设计局

米格-1和米格-3飞机

- 截击机　● 革命性的飞机设计　● 战术侦察

　　如果米格-1和米格-3战斗机没有装备少见的"米库林"AM-35发动机，那么它们为苏联战斗的时间可能比实际要长。战时苏联战斗机的高空性能好于低空，因而常作为高空侦察机使用。更重要的是，这些战机为米高扬-格鲁维奇设计局扬了名，有了从此世上著名的米格机。

米高扬–格鲁维奇设计局米格–1和米格–3飞机

▲ 米格–3是快速战斗机，具操作性，配备轻武器。1941年德国入侵苏联时，超过1/3的苏联战斗机部队都装备了米格–1和米格–3战斗机。

▲ 设计天才

阿特姆·米高扬是米格战斗机的设计师。1940—1970年，这位坦率直言且思想开放的亚美尼亚人设计了一些世界上最好的战斗机。

▲ 星形发动机

I–211是一种尝试：将一台M–82发动机安装到米格–3机身上。它取得了成功，但此时它的竞争对手La–5正在大量生产，更需要这些星形发动机。

◀ **被毁的米格**

1941年6月最初的狂风暴雨般的入侵进攻中，数百架飞机被摧毁。1942年从备件中组合建造了最后一批50架米格飞机。

◀ **首次服役**

当战争降临苏联时，多数苏联战斗机部队正在转换装备，采用米格-3飞机。这些第12 GvLAP中队的飞行员们正在宣誓为祖国而战。

◀ **德国空军的牺牲品**

在5000米以下，米格-3不如Bf 109和Fw 190战斗机。在1941年，德国空军击落多架米格-3飞机。从这架坠毁的飞机可看到暴露在外的发动机罩上的机枪。

在较长的机头部分，安装有"米库林"AM–35发动机和2个110升（29加仑）的油箱。与米格–1相比，米格–3配备了辅助油冷器和改进型发动机冷却系统。发动机重达830千克（1826磅），而Bf 109战斗机的DB 601发动机只有575千克（1265磅）。排气管由EYa–TL–1型特种钢制成。

武器安装在发动机的上方，包括1挺UBS 12.7毫米机枪（300发子弹）和2挺ShKA 7.62毫米（各375发子弹）机枪。

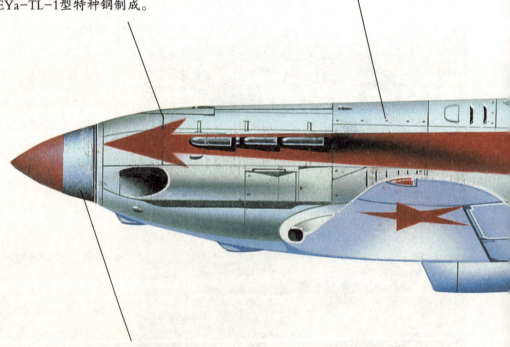

发动机驱动一部VISh–22Ye螺旋推进器，直径为3米，由被称为"电子"的镁合金材料制造。

米格-3飞机

1940年12月至1941年12月，共生产了3100多架米格-3战斗机。这架飞机上的标语是"为了祖国"。

与多数苏联飞机一样，米格-3驾驶舱设计简洁，没有无线电设备，仅有13台仪表。驾驶员通过PBP-1瞄准具进行武器瞄准。

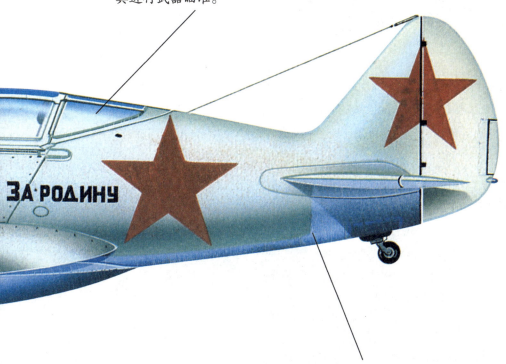

尽管机身的前部是由管形钢材和强化合金外壳制成，但机身的后部是由4根松木桁梁和0.5毫米（1/50英寸）胶合板蒙布外壳制成。

米格战斗机的起源

首批米格战斗机具有很强的战斗力，但直列式发动机很缺乏。I-200原型机配备了"米库林"AM-35发动机，

上图：到1941年德国入侵为止，已有13个战斗机部队满员装备了米格-3战斗机。

相当于"喷火"或早期的Bf 109战斗机。

1940年，苏联开始紧急生产新型战斗机以取代老旧的波利卡尔波夫I-16飞机，但是米格机在初期也存在一些操纵方面的问题。到1941年德军入侵时，首批装备该机的部队开始形成战斗力。

米格-3的缺点是，它与伊柳申伊尔-2"屠夫"飞机一样均采用"米库林"AM-35发动机。斯大林及将军们做出决定优先生产伊尔-2飞机。因此到1942年停产为止，总共只生产了3120架

王牌飞行员的英雄业绩

亚历山大·卢博夫：作为精锐的"波尔克"第16禁卫军的一名飞行员，他从不畏惧与优势的敌机展开战斗。有一次，他驾驶一架米格-3飞机遭遇了敌军6架Bf 109战斗机，仅在瞬间他就击毁了其中的2架。

米格-3飞机。

安装星形发动机的种种努力均遭失败，许多米格飞机迅速地被雅克和拉波契金战斗机取代。

虽然米格战斗机在战斗中仍具有很强的作战能力，尤其是在5000米高度上，但是在多数战斗进行的低空战斗，它比Fw 190或者Bf 109F战斗机要差。

左图：由于迫切需要现代化的战斗机，I-200原型机于初步设计后的100天就被制造出来。

亚历山大·波克雷什金：1941年11月20日，在罗斯托夫附近执行战术侦察任务时，亚历山大·波克雷什金发现，有一支规模庞大的冯·克莱斯特坦克部队在暴风雪中向罗斯托夫推进，他及时向该镇的防御部队发出了警报。

米格-3档案

◆ 第401战斗机中队是首批装备米格-3飞机的部队之一，试飞员和战斗机王牌飞行员就在这个中队。

◆ 1940年4月5日，亚卡托夫驾驶米格-1的原型机I-200首飞。

◆ 被称为I-231的米格飞机，用一架重新修改过的米格-3机身上试验AM-39发动机。

◆ 1941年6月23日，亚历山大·波克雷什金驾驶一架米格-3飞机取得了首次空战胜利，他击落了第77联队的一架Bf 109E战斗机。

◆ 后方机身的外壳是用胶合板粘合而成。

◆ 米格-3飞机的试飞员是亚卡托夫。

米格-3飞机

类型：单座战斗机

动力装置：1台1007千瓦（1350马力）的"米库林"AM35A V-12活塞发动机

最大航速：在7800米高度时为640千米/小时（397英里/小时）

航程：1195千米（743英里）

实用升限：12000米（39400英尺）

重量：空机重2595千克（5709磅）；满载后重3350千克（7370磅）

武器：1挺12.7毫米（0.50英寸口径）"Beresin"机枪，2挺7.62毫米（0.30英寸口径）ShKAS机枪，机翼下方炮弹架携带200千克（440磅）炸弹或6发RS-82火箭弹

外形尺寸：翼展　10.20米（33英尺6英寸）

　　　　　　机长　8.25米（27英尺1英寸）

　　　　　　机高　3.50米（11英尺6英寸）

　　　　　　机翼面积　17.44平方米（188平方英尺）

效果数据

武器

米格-3最大的缺陷也许是较弱的武器配备。如果增加2挺重型机枪，一次齐射火力就可以增加两倍多。

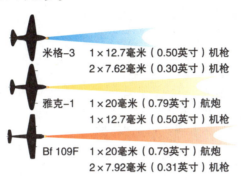

米格-3　1×12.7毫米（0.50英寸）机枪
　　　　2×7.62毫米（0.30英寸）机枪

雅克-1　1×20毫米（0.79英寸）航炮
　　　　1×12.7毫米（0.50英寸）机枪

Bf 109F　1×20毫米（0.79英寸）航炮
　　　　　2×7.92毫米（0.31英寸）机枪

最大航速

米格-3具有很高的飞行速度，一是由于采用增压器提高了发动机的功率；二是由于优美的流线外形。但如果没有AM-35发动机，它将毫无价值，而且这种发动机短期内也没有替代品。

米格-3　640千米/小时（397英里/小时）

雅克-1　531千米/小时（329英里/小时）

Bf 109F　589千米/小时（365英里/小时）

实用升限

增压器给米格飞机带来的另一个好处是提高了实用升限。它在高空的性能非常突出，德军飞行员都知道应尽量避免在5000米（16400英尺）以上的高度与米格机战斗。担任侦察任务的米格战斗机因此也不易被发现。

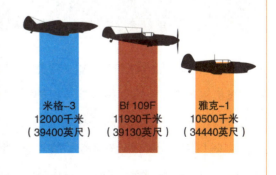

米格-3
12000千米
（39400英尺）

Bf 109F
11930千米
（39130英尺）

雅克-1
10500千米
（34440英尺）

日本三菱（MITSUBISHI）飞机公司

A5M "克劳德（Claude）" 飞机

● 海军战斗机　● 敞式座舱　● 在中国取得成功

　　1937年初开始服役的A5M "克劳德" 飞机标志着航空母舰舰载战斗机的巨大进步。它取代了老式的双翼飞机，成为当时世界上飞行最快的海军战斗机，这一纪录几乎保持了2年。在中国抗日战争中，A5M是日本最重要的战斗机，因其优势和灵敏性而备受称道。但是到了1942年，它被其他飞机超越，只能用于训练。

三菱公司A5M "克劳德" 飞机

▲ **A5M1飞机大量生产**

这是首架由佐世保海军工厂生产的A5M飞机，它具有圆滑的线条和平铆的铝制承力表层外壳。1940年停产时，"克劳德"飞机总共生产了1094架。

▲ **长腿的 "克劳德" 飞机**

为了提高有效航程，A5M4型飞机安装了一部160升的机腹副油箱。

▼ 占优势的战斗机

当第12和13联合航空团于1937年侵入中国，A5M2飞机很快就取得完全的空中优势。

▲ 在中国上空行动

　　训练有素的飞行员们驾驶着A5M2型飞机，击毁速度较快的波利卡尔波夫I–16飞机。

▲ "克劳德"飞机是最后一种安装敞式座舱的日本海军战斗机，虽然不很舒适但视界开阔。

A5M4型"克劳德"飞机

类型：单座航空母舰载战斗机

动力装置：1台529千瓦（710马力）的中岛Kotobuki 41型9缸星形空冷发动机

最大航速：440千米/小时（270英里/小时）

航程：1200千米（750英里）

实用升限：9800米（32200英尺）

重量：空机重1216千克（2675磅）；满载后重1705千克（3751磅）

武器：在机身上方安装有2挺7.7毫米（0.303英寸口径）89式机枪，外加30千克（66磅）炸弹

外形尺寸：翼展　11.00米（36英尺1英寸）

　　　　　　机长　7.57米（24英尺10英寸）

　　　　　　机高　3.27米（10英尺9英寸）

　　　　　　机翼面积　17.80平方米（192平方英尺）

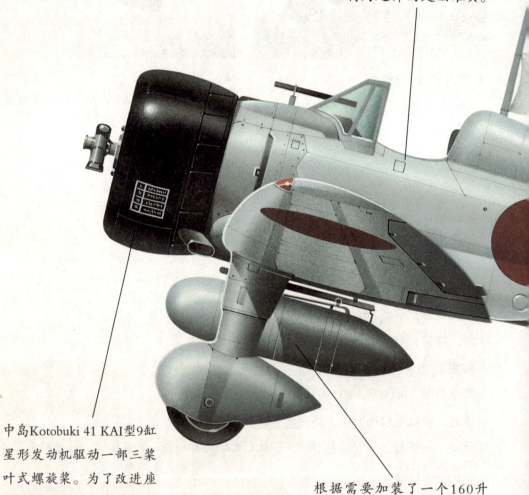

"克劳德"飞机的敞
式的座舱。从风挡玻
璃向延伸的是瞄准具。

中岛Kotobuki 41 KAI型9缸
星形发动机驱动一部三桨
叶式螺旋桨。为了改进座
舱前方视界，还安装了一
个具有NACA的整流罩。

根据需要加装了一个160升
（42加仑）的副油箱称为
A5M4型。

A5M4型 "克劳德" 飞机

在1939年11月封锁东中国海期间，这架A5M4飞机以"苍龙"号航空母舰为基地，该机由"苍龙"号上战斗机部队的指挥官尉驾驶。

机身采用金属式结构，铝制承力表层外壳。在设计阶段，设计师主要的关注点是如何使机身横断面减少阻力做到最小。

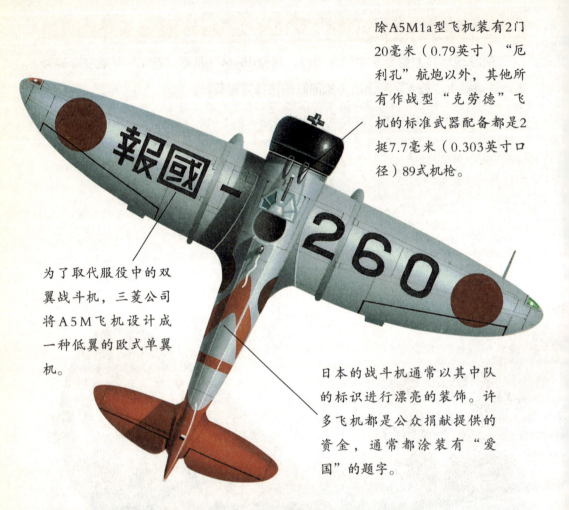

除A5M1a型飞机装有2门20毫米（0.79英寸）"厄利孔"航炮以外，其他所有作战型"克劳德"飞机的标准武器配备都是2挺7.7毫米（0.303英寸口径）89式机枪。

为了取代服役中的双翼战斗机，三菱公司将A5M飞机设计成一种低翼的欧式单翼机。

日本的战斗机通常以其中队的标识进行漂亮的装饰。许多飞机都是公众捐献提供的资金，通常都涂装有"爱国"的题字。

A5M "克劳德" 档案

◆ "克劳德"飞机最初被称为Ka-14，它能够轻易地超出海军"9"式飞机严格的性能参数要求。

◆ A5M于1935年2月4日在各务原首飞。

◆ A5M飞机的首次空中胜利是击败3架柯蒂斯"鹰"式飞机。

◆ 在中日战争中，有7名A5M飞行员成为王牌飞行员，岩本澈三上尉是顶级王牌飞行员，他取得了14次胜利。

◆ 在1942年5月以后，剩余的A5M飞机都被转为用作训练。

◆ 许多A5M飞机都在对盟军舰艇的"神风式"攻击中灰飞烟灭。

日本制造的一流飞机

西方在很大程度上并不太关注A5M飞机和日本航空力量的快速进展。到日本加入二战时，"克劳德"飞机正在被更优秀的A6M"零"式战斗机取代，但A5M在整个战争中都将继续服役并担负次要任务。

1934年"9"式飞机严格的性能规范，要求研制一种足够小型的战斗机，以便装载在航空母舰上，但同时还必须具有较快的速度和较好的机动性。三菱公司提出了Ka-14式设计方案，从A5M1型飞机开始，日本拥有了一种举世无双的战斗机，而且在作战中已经证明。后来又发展出动力更强的A5M2和A5M4型飞机，它们都在中日战争中给人留下了非常深刻的印象。

航空母舰舰载A5M4型飞机，在二战开始时曾在马来亚岛和荷属东印度群岛作战。后来许多A5M飞机在1945年都被用作孤注一掷的"神风式"攻击。

上图：发展一种双座高级衍生型教练机的工作开始于1940年，它被命名为A5M4-K。为了提高安全性，在前后两个座舱之间安装了一个转动标塔。

"克劳德"飞机的颜色方案

■**训练中队**: 在杜立德驾驶的B-25飞机于1942年4月袭击日本本土之后, 日本的训练用飞机都采用了伪装方案, 上表面为深绿色, 下方是橘黄色。

■**第14联合航空团**: 这是第14联合航空团的飞机典型的喷涂颜色方案。这架特别的A5M4飞机在1940年由日本飞行员驾驶从岛作战。

■**"苍龙"号航空母舰**: 从这架A5M4飞机尾翼上的"W"前缀可以明确地识别出它是一架来自"苍老"号航空母舰上的飞机。黑色的副油箱和机身色带并不是标准方案。

效果数据

最大航速

当A5M飞机开始服役时，它是世界上速度最快的海军战斗机。然而到中日战争开始时，它已经被陆基战斗机如I-16和D.XXI等超出了。

A5M4"克劳德"　440千米/小时（270英里/小时）

24型I-16　　490千米/小时（304英里/小时）

D.XXI　　　460千米/小时（285英里/小时）

武器

A5M飞机的一个主要缺陷就是它缺乏火力。20世纪30年代中期至晚期，大多数战斗机都具有4挺、6挺甚至8挺机枪。

A5M4"克劳德"

2×7.7毫米（0.303英寸）机枪
60千克（132磅）载弹量

24型I-16

4×7.62毫米（0.30英寸）机枪
200千克（440磅）载弹量

D.XXI

4×7.9毫米（0.31英寸）机枪

航程

与其同时代的飞机相比，安装机腹副油箱的"克劳德"飞机和后来的A6M"零"式一样都具有非常远的航程。这样它可以在敌国领土纵深不断袭击敌军，同时具有较长的续航时间。与海军的同等飞机相比，陆基飞机通常只需要较短的航程。

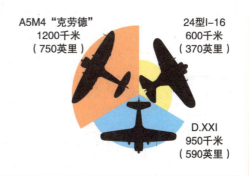

A5M4"克劳德"
1200千米
（750英里）

24型I-16
600千米
（370英里）

D.XXI
950千米
（590英里）